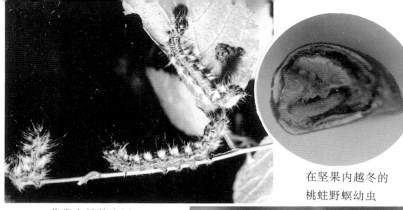

苹掌舟蛾幼虫※

在坚果内越冬的
桃蛀野螟幼虫

苹掌舟蛾成虫※

栗浩夜蛾幼虫为害状

桃蛀野螟幼虫和为害状

桃蛀野螟成虫※

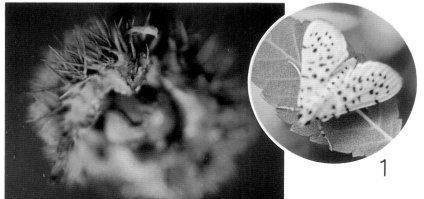

1

栎掌舟蛾低龄幼虫※

黄刺蛾成虫

大窠蓑蛾幼虫

大窠蓑蛾蓑囊

黄刺蛾幼虫

栎掌舟蛾老熟幼虫和为害状

2

黄刺蛾茧

舞毒蛾幼虫

黄刺蛾天敌—上海青蜂※

褐边绿刺蛾成虫
褐边绿刺蛾幼虫

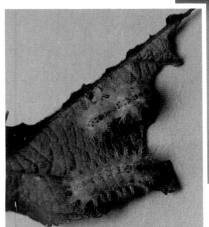

舞毒蛾雌虫

3

下:舞毒蛾蛹

下右:舞毒蛾低龄幼虫

右:舞毒蛾幼虫(侧面观)※

下:盗毒蛾幼虫(正面观)

舞毒蛾老熟幼虫※

4

盗毒蛾成虫

盗毒蛾蛹

黄褐天幕毛虫幼虫

黄褐天幕毛虫虫卵

黄褐天幕毛虫低龄幼虫※

5

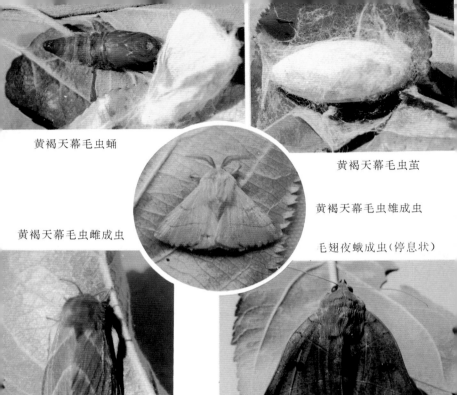

黄褐天幕毛虫蛹

黄褐天幕毛虫茧

黄褐天幕毛虫雄成虫

黄褐天幕毛虫雌成虫

毛翅夜蛾成虫（停息状）

栗黄枯叶蛾成虫

6

毛翅夜蛾幼虫

绿尾大蚕蛾卵

绿尾大蚕蛾成虫

毛翅夜蛾蛹和茧

绿尾大蚕蛾蛹和茧

毛翅夜蛾成虫（展翅状）

7

大灰象成虫

小青花金龟※

铜绿丽金龟成虫※

中华弧丽金龟

绿尾大蚕蛾幼虫※

8

草履硕蚧雄成虫

栗瘿蜂虫瘿上长出花序

日本蜡蚧※

草履硕蚧雌成虫

叶片上的栗瘿蜂虫瘿

枝条上的栗瘿蜂虫瘿

10

栗瘿蜂成虫

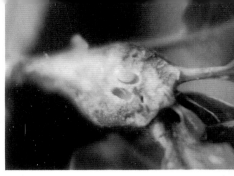

栗瘿蜂幼虫及虫室

针叶小爪螨越冬卵

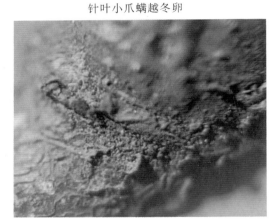

栗瘿蜂蛹（初期）

针叶小爪螨
成螨和夏卵

针叶小爪螨成
螨和为害状※

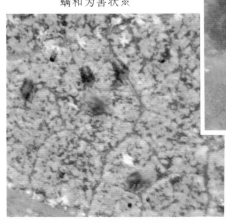

9

板栗大蚜无翅胎生雌蚜

星天牛成虫

云斑天牛成虫（正面观）

粒肩天牛成虫※

云斑天牛成虫（侧面观）

11

星天牛幼虫

栗炭疽病病栗菌丝层

栗炭疽病病栗蓬（右图）

右：栗种仁斑点病
　　（种仁菌丝）
下：栗种仁斑点病
　　（栗实外观）

硕蝽成虫

栗炭疽病病种仁

栗芽枯病

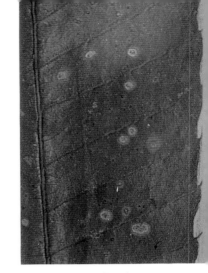

栗叶斑病

栗种仁斑点病（种仁干腐）

栗种仁斑点病（种仁斑点）

13

栗白粉病(嫩叶)

栗叶枯病(病斑)

栗白粉病(老叶)

栗叶枯病(病斑上小
黑点为分生孢子盘)

14

栗叶炭疽病（病斑放大）

栗叶炭疽病（病叶）

栗斑点病（后期）

栗斑点病（前期）

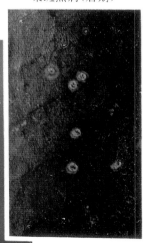

15

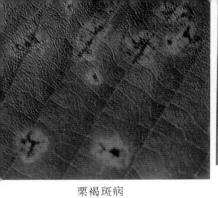

栗褐斑病

栗干枯病(分生孢子角)

右：栗干枯病（后期）

上：栗干枯病（分生孢子器）

栗干枯病（前期）

16 栗干枯病(病树皮剖面)

全国"星火计划"丛书

板 栗 病 虫 害 防 治

主 编

冯明祥　　窦连登

编著者

冯明祥　　王金友　　窦连登

赵凤玉　　邸淑艳　　赵英波

郑运城

金盾出版社

内 容 提 要

本书由中国农业科学院果树研究所的科研人员编著。书中简要介绍了板栗病虫害综合防治的原理和措施,详细记述了板栗的 64 种虫害和 17 种病害的地理分布、寄主、为害状、形态特征、发生规律和防治方法,并对栗园常用的 37 种农药的理化性质及特点等作了简介。本书附黑白插图 18 幅,彩色图片 90 余幅,图文并茂,内容丰富,实用性强,适合广大果农、农技推广人员和农业院校师生阅读。

图书在版编目(CIP)数据

板栗病虫害防治/冯明祥等编著 . —北京:金盾出版社,1997.5

ISBN 978-7-5082-0414-7

Ⅰ.板… Ⅱ.冯… Ⅲ.板栗-病虫害防治方法 Ⅳ.S436.64

金盾出版社出版、总发行

北京太平路 5 号(地铁万寿路站往南)

邮政编码:100036 电话:68214039 83219215

传真:68276683 网址:www.jdcbs.cn

彩色印刷:北京精美彩印有限公司

黑白印刷:北京金盾印刷厂

装订:兴浩装订厂

各地新华书店经销

开本:787×1092 1/32 印张:6.5 彩页:16 字数:129 千字

2011 年 6 月第 1 版第 11 次印刷

印数:82001—88000 册 定价:11.00 元

《全国"星火计划"丛书》编委会

序

　　经党中央、国务院批准实施的"星火计划"，其目的是把科学技术引向农村，以振兴农村经济，促进农村经济结构的改革，意义深远。

　　实施"星火计划"的目标之一是，在农村知识青年中培训一批技术骨干和乡镇企业骨干，使之掌握一二门先进的适用技术或基本的乡镇企业管理知识。为此，亟需出版《"星火计划"丛书》，以保证教学质量。

　　中国出版工作者协会科技出版工作委员会主动提出愿意组织全国各科技出版社共同协作出版《"星火计划"丛书》，为"星火计划"服务。据此，国家科委决定委托中国出版工作者协会科技出版工作委员会组织出版《全国"星火计划"丛书》并要求出版物科学性、针对性强，覆盖面广，理论联系实际，文字通俗易懂。

　　愿《全国"星火计划"丛书》的出版能促进科技的"星火"在广大农村逐渐形成"燎原"之势。同时，我们也希望广大读者对《全国"星火计划"丛书》的不足之处乃至缺点、错误提出批评和建议，以便不断改进提高。

《全国"星火计划"丛书》编委会

目　　录

第一章　板栗病虫害综合防治

　　近年来,我国板栗生产发展较快,产量大幅度增加,经济效益明显提高。板栗已成为山区农民脱贫致富的主要经济树种之一。过去的板栗栽培比较分散,管理粗放,单产较低,质量较差,经济效益不高。现在,板栗栽培逐渐趋向于集约化,不仅要求高产,而且要求优质。要获得板栗的高产优质,除了要选择优良品种和采用先进的栽培技术以外,病虫害防治也是一个不可缺少的内容。据报道,在我国的一些地区,由于病虫危害,造成板栗产量大减,质量低劣。如湖南实生板栗产区,栗象、桃蛀野螟造成的虫果率一般在 10% 左右,某些栗园高达60%;河南板栗产区,栗果受害率为 20%~40%,严重时达90%;山东某些板栗产区,虫果率可达 60%。栗瘿蜂是国际性害虫,在我国南北方板栗产区都有发生,严重年份可造成板栗枝条大量死亡,产量明显减少。河北省迁西县 1978 年栗瘿蜂大发生,全县板栗受害株率达 98%。栗干枯病是板栗的重要病害,在管理粗放的栗园极易发病,导致树势衰弱,影响结果。发病严重者造成树皮溃烂,甚至全树死亡。因此,病虫危害是板栗低产劣质的重要原因之一。

　　板栗病虫害防治和其他果树病虫害防治一样,经历了以人工、农业防治和以化学防治为主的两个阶段后,现在提倡综合防治。最初,人们利用人工和农业的方法如人工捕虫、果园深翻改土、果树修剪等农事操作来控制病虫害发生。后来,化学农药的应用对控制病虫危害起到了前所未有的作用,人们便设法应用化学农药消灭害虫,试图把害虫一扫而光。经过多年的实践,证明这种想法既不现实,也不可取。因为广谱性农药在消灭害虫的同时,也消灭了天敌,导致害虫失去天敌控制而猖獗为害。如栗瘿蜂在自然界受其天敌中华长尾小蜂的控制,使其不能蔓延成灾,但在天敌少的情况下,这种害虫便猖獗为害,造成灾害。经过若干年采取以化学农药为主的方法灭虫以后,人们回顾起病虫害的防治历史才逐步认识到,单独依靠某一种防治方法很难有效地控制病虫危害,往往是顾此失彼,收不到理想的防治效果。在生态环境比较复杂的板栗园,单纯采用一种方法防治病虫害,尤其是只靠化学农药很难达到防治目的。

随着科学技术的发展,对各种病虫害发生规律认识的不断加深和新技术的应用,人们对病虫害的防治也赋予了新的概念。即从生态学的整体观点出发,本着预防为主的指导思想和安全、有效、经济、简易的原则,因地制宜地合理运用农业、化学、生物、物理的方法,以及其他有效的生态学手段,把害虫控制在不足危害的阈值以下,以达到既增加生产,又保护人、畜健康的目的,这就是对病虫害实施的综合防治。

一、板栗病虫害发生的特点

(一)栗园内植物种类复杂,病虫种类繁多

板栗在我国分布地域辽阔,北起辽宁的凤城(约北纬 40°35′),南至海南岛的黎族自治州(约北纬 18°36′),南北跨越亚热带和暖温带。在垂直分布上差异也很大,最低海拔高度为不足 50 米的沿海平原,如山东的郯城县、江苏的新沂县等地;最高海拔高度为 2 800 米,如云南的永仁、维西县。大部分板

栗树栽植在山地和丘陵地带。有的栗园是由林地改造而成,有的栗树与其他林木混植。这种复杂的生态环境就构成了多种病虫害繁衍生息的生态学基础。据《中国果树病虫志》(第二版)记载,危害板栗的病害有 29 种,虫害有 258 种。有许多害虫除为害板栗外,还为害栗林中的其他林木,如食叶害虫舞毒蛾,寄主范围广,食量大,是重要的森林害虫。一些常见的食叶害虫如大窠蓑蛾、苹掌舟蛾、盗毒蛾、黄刺蛾、金龟子类和一些枝干害虫如草履硕蚧、吹绵蚧、星天牛、云斑天牛等,除为害果树外,许多林木都是它们的嗜好寄主。由于这些害虫的寄主范围广,适应性强,很容易造成危害。根据这一特点,在板栗病虫害防治上,不能只考虑单一寄主的病虫害防治,还要考虑到某些多寄主害虫的防治,才能获得较好的防治效果。

(二) 栗园内有害、有益生物并存

在板栗园这个比较大而稳定的生态环境中,不但生存着大量的害虫,也生存着大量的天敌,以这种有害生物与有益生物并存的关系维系着生态系统的自然平衡。这就促使人们在考虑防治病虫害时,也必须注意到有益生物的保护和利用。在长期的生存竞争中,多种天敌形成了比较庞大的自然种群,从而使害虫维持在一个比较稳定的种群范围内。如各种瓢虫、草蛉、蜘蛛和捕食螨等节肢动物,它们食性广泛,除了捕食板栗上的害虫以外,还可捕食林木、杂草上的害虫;一些寄生性天敌如各种寄生蜂、寄生蝇,往往是抑制某种害虫发生的主要因子,最明显的例子是中华长尾小蜂对栗瘿蜂的控制。自然界还存在着许多有益微生物对某些害虫的发生起着很好的抑制作用,如芽枝状芽孢霉菌在自然条件下对板栗红蚧的寄生率高达 60.7%。此外,森林中的食虫鸟类亦是板栗害虫的有效天

敌,它们在控制栗园害虫的发生上起着重要作用。

(三)栗园内主要病虫危害方式独特

板栗的几种主要病虫害是影响板栗生产的重要因素。如栗瘿蜂只为害板栗一年生枝条的芽、叶及花序,形成独特的虫瘿。这种害虫一生中大部分时间营隐蔽生活,只有成虫期暴露于外。在大发生的年份,人们往往是束手无策,遭受经济损失。但可喜的是,有一种寄生蜂——中华长尾小蜂专门寄生于虫瘿中的栗瘿蜂幼虫,是自然界控制栗瘿蜂发生的主要因子。所以,在对栗瘿蜂的防治上,只采用化学防治法很难奏效,而剪除害虫喜欢产卵的枝条和保护利用寄生蜂是防治栗瘿蜂的主要措施。栗实象是板栗的一种重要果实害虫,常常造成板栗有果无收。这种害虫的幼虫一生都在果实内生活,老熟后才脱果入土化蛹。根据这一为害特性,采用拾落果、药剂熏杀果内幼虫和药剂处理土壤消灭入土越冬幼虫等方法,可有效地控制为害。栗干枯病(胴枯病)分布于全世界板栗产区,是威胁板栗生产的主要病害。这种病害主要发生在主干上,且基部发生较多,严重时造成全树死亡。引起病害的病菌是一种弱寄生菌,在自然界分布较广,只有在树体衰弱的情况下才能致树体发病,造成危害。另外,病菌侵入寄主的主要部位是伤口。所以,加强栗树栽培管理,提高树体的抗病性;避免在树体上造成伤口,以减少病菌侵染的机会是防治栗干枯病的根本措施。

二、板栗病虫害综合防治的内容与方法

(一) 植物检疫

植物检疫是国家有关职能部门通过法规形式来控制有害生物传播蔓延的防治措施。具体的体现形式是在调运种子、苗木、接穗、果品及其包装材料时,严格检查其中的危险性病虫种类,以防这些病虫通过上述媒介传播到新区。植物检疫的对象在不同的地区有所不同。国际上对一些重要的检疫害虫各国都有明文规定,在国内的各省、自治区间又有各自的检疫对象。就板栗病虫害而言,栗象早就是美国明令禁止输入的害虫。就植物检疫的狭义来讲,在板栗发展新区,一些危险性病虫或当地尚未发现的病虫也应该属于检疫的对象。

在我国尽管有些主要病虫害分布范围较广,但在一些新区若能坚持严格的检疫制度,有许多病虫就不会发生。最明显的例子是栗瘿蜂。此虫寄主范围很窄,只有板栗是其唯一寄主。如果在引进板栗苗木或接穗时,严格检查是否带有这种害虫,发现后立即消灭,那么,这种害虫就不会远距离传播。最容易随苗木或接穗传播的害虫要属介壳虫,这类害虫寄生在枝条上,有的种类小得肉眼不易发现,很容易随苗木或接穗的远距离运输而传播到新区,这是此类害虫分布较广的主要原因。所以,在新发展的板栗园,对苗木或接穗要严格检查,一旦发现有严重危害的病虫,对苗木要做适当的处理,或停止从疫区调运苗木。为防止病虫传入,在栽树前也应对苗木进行适当的药剂处理。

（二）农业防治和人工防治

农业防治和人工防治是传统的病虫害防治方法，它包括所有有利于果树生产的农事操作。通过这些农事活动和人工措施，为果树的正常生长、结实创造良好的条件，使果树枝叶繁茂，提高对多种病虫的抵抗能力，从而达到直接或间接控制病虫危害的目的。具体措施有以下几条：

1. 及时、合理修剪

过去栽植的板栗树体高大，且大多分布在山区，在多数情况下任其自然生长，很少修剪，这是板栗低产的一个主要原因。在板栗的栽培管理技术中，主要措施之一就是修剪。板栗修剪除了能调节营养生长和生殖生长的矛盾使其多结果以外，还能在修剪的同时剪掉病虫为害的枝条，起到消灭害虫的作用。例如，在栗瘿蜂大发生年份，剪除栗瘿蜂喜欢产卵的小枝条，能够明显降低虫口密度。有些害虫在枝条上或在挂于枝条上的卷叶内越冬，在修剪时将这些枝条和树叶一起剪掉，能减轻翌年危害，有时可以起到根治作用。如黄褐天幕毛虫的越冬卵产在枝条上明显可见，剪枝时一同剪掉，集中烧毁，可达到全部歼灭的目的。

2. 翻树盘或深耕

翻树盘或果园深耕不但能疏松土壤，提高土壤通透性，增加土壤保水能力，促进果树对水分和养分的吸收，而且还能破坏害虫在土中的越冬场所，从而消灭害虫。

3. 加强栽培管理，提高树体抗御病虫的能力

大部分板栗园立地条件较差，土质瘠薄，缺乏养分和水分。要获得板栗高产优质，必须加强栽培管理，合理施肥、灌水。通过增强树势，来提高树体对各种病虫的抵抗能力。另外，

板栗的集约化栽培是提高板栗产量和质量的主要途径。

4. 人工捕虫、防病

根据害虫的发生规律和生物学特性,对一些虫体较大易于辨认的害虫,要实行人工捕杀。如在天牛成虫发生期,可在白天人工捕捉成虫;对为害树干的天牛幼虫或透翅蛾幼虫,可实行人工刮虫或用铁丝刺虫等办法;对栗干枯病要经常刮除病疤,并涂药保护。

5. 及时拾取落地虫果,清除枯枝落叶

被害虫为害的栗蓬大多在成熟前脱落,落地果内常有害虫存在。及时拾取落地虫果,集中深埋或烧掉,能消灭其中的幼虫,减少翌年虫口基数。许多害虫和病菌在落叶中越冬,在果树落叶后,清扫落叶,埋于树下作肥料或集中起来作燃料,可消灭在落叶中越冬的害虫和病菌。

(三) 物理防治

物理防治是利用害虫对温度、光、热等物理现象的不同反应来消灭害虫的方法。有些害虫喜欢在夜间活动,并且对黑光灯有强烈趋性,可利用害虫的这一习性,设置黑光灯诱杀成虫。当然,黑光灯诱虫的缺点是在诱杀害虫的同时,也诱杀了一些天敌昆虫。所以,这种方法只是在大面积果园或诱杀对象发生严重的情况下采用。

在板栗害虫防治中,用得较多的物理方法要属温水浸种,就是在果实脱粒后用不同温度的热水浸泡栗实。浸泡时间的长短根据水温的高低决定,以能杀死果实中的害虫而又不影响栗实的食用和发芽为原则。具体方法见栗象的防治。

（四）生物防治

生物防治就是利用有益生物防治有害生物的方法，这种方法在今后的害虫综合防治中将占有重要地位。在自然界，每一种害虫都有制约其种群发展的天敌，否则，这种害虫的种群就会变得非常庞大。

在板栗害虫防治中，害虫种群密度受天敌制约最明显的例子是栗瘿蜂。据研究发现，栗瘿蜂的大发生呈周期性。这种周期性发生的主要原因是栗瘿蜂的天敌——中华长尾小蜂对害虫抑制作用的结果。抑制草履硕蚧和吹绵蚧发生的天敌有澳洲瓢虫、大红瓢虫和黑缘红瓢虫。还有一些瓢虫是蚜虫的主要捕食性天敌，在自然界调节着蚜虫种群的变化。针叶小爪螨是板栗的主要害螨，在喷药少的板栗园，几乎每个小枝上都能发现越冬卵。但在板栗生长期却很少出现由此虫为害造成的落叶现象，究其原因主要是多种捕食螨在起作用。栗林中鸟类汇集，在多种鸟类中，有许多鸟是害虫的有力杀手，特别是对体型较大的害虫如舞毒蛾、各种毛虫等起着重要的控制作用。

天敌在自然界对抑制害虫种群的发展起着决定性的作用。但天敌种群的发展却依赖于害虫的发生动态，尤其是一些专性寄生天敌，这种依赖性表现得尤为突出。如中华长尾小蜂，只有在栗瘿蜂大发生年份其种群数量才很大，当这种天敌的种群数量达到最大时，栗瘿蜂的猖獗为害就会停止，幼虫被寄生率也达到高峰。此后，由于大量栗瘿蜂被消灭，中华长尾小蜂因找不到适当的寄主也就自然消亡，出现种群数量明显下降的情况，甚至找不到它的踪影。自然界的许多事实证明，某种天敌常常是大发生过后一蹶不振，数年不起。要想维护天敌和害虫种群的自然平衡，就得人为地创造天敌生存和发展的条件,也就是保护天敌。保护天敌的方法可以从以下三个方面考虑。

第一,将剪下的带虫枝条和介壳虫寄生的枝条、栗瘿蜂的虫瘿等放在栗园内,以便其中的寄生蜂羽化后飞出,重新寄生。

第二,在天敌活动盛期少喷或不喷化学农药。天敌活动盛期与药剂防治害虫的适期往往是错开的,如药剂防治各种介壳虫的适期是在若虫爬行期,而捕食介壳虫的瓢虫的活动盛期是在介壳虫虫体固定为害期;寄生于栗瘿蜂幼虫的中华长尾小蜂的成虫发生期是栗瘿蜂幼虫形成虫瘿初期,而药剂防治栗瘿蜂的适期为成虫羽化期。在用药剂防治害虫时考虑到这些因素,就能达到既保护天敌,又消灭害虫的目的。

第三,招引益鸟入林。在大面积的山地栗园内,设法招引益鸟入林,并杜绝捕杀鸟类的现象,将起到防治害虫的作用。

(五)药剂防治

药剂防治仍然是板栗病虫害防治的有效方法,特别是对那些发生量大、危害严重的病虫害更是不可缺少的防治手段。用化学药剂防治病虫害,要根据不同的地理环境条件和不同的防治对象选择不同的施药方法。常用的施药方法有喷雾法、涂干包扎法、熏蒸法和土壤处理法等。在防治食叶性害虫时,常选用喷雾法;防治刺吸式口器害虫如蚜虫、螨类、介壳虫等时,可以采用药剂涂树干或涂主枝法;防治果实害虫和蛀干害虫如栗象和各种天牛时,可采用药剂熏蒸法;防治在土壤中越冬的害虫时,可采用药剂处理土壤法。各种施药方法都有其优点和缺点,在具体运用时要用其所长,避其所短。采用药剂防治病虫害应注意以下几个问题:

1. 明确防治对象,选择合适的农药品种

防治食叶性害虫如各种毛虫、金龟子等,要选用具有胃毒作用和触杀作用的杀虫剂,如对硫磷、敌百虫、辛硫磷、杀螟松、杀灭菊酯等。一般来说,具有触杀作用的药剂大都有一定的胃毒作用。防治刺吸式口器的害虫,可选用触杀剂和内吸剂如氧化乐果、甲胺磷等;防治蛀干害虫或用药剂熏杀果实害虫时,要选用具有熏蒸作用的药剂,如敌敌畏、磷化铝、溴甲烷、二硫化碳等。

2. 确定用药时期和施药方法

根据病虫害的发生规律,选择害虫对药剂敏感的时期用药,并且采用适当的施药方法。如防治介壳虫,一般在若虫孵化期采用喷雾法防治,此期是若虫分散爬行期,对药剂亦比较敏感,此时用药能获得较好的防治效果。若在虫体固定后再用药,因虫体常分泌蜡质形成介壳,药剂难以直接接触虫体,杀虫效果降低。防治各种毛虫,一般在幼虫孵化盛期喷药,此时幼虫对药剂比较敏感,虫体接触药剂后即死亡。防治栗实象的有效方法之一,是在幼虫脱果入土期和成虫出土期采用药剂处理土壤。在这两个时期要掌握好处理时间,过早或过晚都会影响防治效果。

3. 交替用药,避免病虫产生抗药性

长期施用作用机制相同的农药防治同种病虫害,会使病虫对此产生抗药性,最明显的现象是连续施用同一种农药后防治效果下降。在这种情况下,果农往往采取加大用药量的办法,以求得较好的防治效果。如此下去,不仅增加了防治成本,而且还加重了环境污染。实践证明,选择作用机制不同的农药交替施用,既能减少环境污染,又能提高防治效果,延长农药的使用寿命。用波尔多液和有机合成农药或有机磷农药和拟

除虫菊酯类农药交替施用防治病虫害，就能起到这一作用。

4. 注意农药的合理混用

农药混合施用是药剂防治病虫害经常遇到的问题。在生产中，防治病害和防治虫害往往是同时进行的，需要杀虫剂和杀菌剂混合施用，有时为了同时防治害虫和害螨，需要杀虫剂和杀螨剂混用。无论是杀虫剂和杀菌剂混用，还是杀虫剂和杀螨剂混用，在混用前必须弄清楚拟选用的两种药剂是否可以混合。须根据药剂说明书混用药剂，切勿随意混用。否则，会出现药害或失去对害虫、病菌的杀灭作用。一般来说，波尔多液和石硫合剂等强碱性药剂不能与大多数有机合成农药混用。

第二章　板栗虫害

一、果实害虫

（一）栗　象

栗象又叫板栗象鼻虫、栗实象鼻虫，属鞘翅目，象虫科。在我国各板栗产区都有分布。寄主主要是栗属植物，还有榛、栎等植物。以幼虫为害栗实，发生严重时，栗实被害率可达80％，是为害板栗的一种主要害虫。

【为害状】

幼虫在栗实内取食，形成较大的坑道，内部充满虫粪（封二彩图）。被害栗实易霉烂变质，完全失去发芽能力和食用价值。老熟幼虫脱果后在果皮上留下圆形脱果孔（封二彩图）。

【形态特征】

（1）成虫　体长5～9毫米，宽2.6～3.7毫米。体呈梭形，深褐色至黑色，被覆黑褐色或灰白色鳞毛。喙细长，端部1/3略弯。雌虫喙略长于身体，触角着生于喙基部1/3处。雄虫喙略短于身体，触角着生于喙中间之前。前胸背板宽略大于长，密布刻点。鞘翅肩较圆，向后缩窄，端部圆。足细长，腿节端部膨大，内侧有一刺突（封二彩图）。

（2）卵　长约1毫米，椭圆形，初期白色透明，后期变为乳白色。

（3）幼虫　体长8～12毫米，头部黄褐色或红褐色。口器黑褐色。身体乳白色或黄白色,多横皱褶,略弯曲,疏生短毛(封二彩图)。

（4）蛹　体长 7.0～11.5 毫米,初期为乳白色,以后逐渐变为黑色,羽化前呈灰黑色。喙管伸向腹部下方。

【发生规律和习性】

栗象在云南等地 1 年 1 代,在长江流域及其以北地区两年完成 1 代,以老熟幼虫在土中做土室越冬。越冬幼虫于 6 月中下旬在土室内化蛹,蛹期 10～15 天。7 月中旬当新梢停止生长、雌花开始脱落时进入化蛹盛期,并有成虫羽化。7 月下旬雄花大量脱落时为成虫羽化盛期。成虫羽化后在土室内潜居 15～20 天再出土。8 月中旬栗球苞迅速膨大期为成虫出土盛期,直到 9 月上中旬结束。成虫出土后取食嫩叶,白天在树冠内活动,受惊扰后就迅速飞去或假死落地;夜间不活动。成虫寿命 1 个月左右。交尾后的雌成虫在果蒂附近咬一个产卵孔,深达种仁,产卵其中。每处产卵 1 粒,偶有 2 粒或 3 粒者。每头雌成虫可产卵 10～15 粒。卵期 8～12 天。幼虫孵化后蛀入种仁取食,排粪便于其中。幼虫取食 20 余天,老熟后脱果入土。早期的被害果易脱落,后期的被害果通常不落。果实采收时未老熟的幼虫仍在种子内取食,直至老熟后脱果。脱果幼虫的入土深度因土壤疏松程度而有所不同。土质疏松,入土较深;反之,则浅。一般在 6～10 厘米范围内,最深的可达 15 厘米。

栗象的发生和为害程度与板栗品种、立地条件等有密切关系。大型栗苞,苞刺密而长,质地坚硬,苞壳厚的品种表现出抗虫性,主要原因是成虫在这种类型的球苞上产卵比较困难。相反,小型栗苞,苞刺短而稀疏的品种被害率则高。山地栗园或与栎类植物混生的栗园受害重,平地栗园受害则轻。

【防治方法】

(1)栽培抗虫品种 可利用我国丰富的板栗资源选育出球苞大,苞刺稠密、坚硬,并且高产优质的抗虫品种。

(2)农业防治 实行集约化栽培,加强栽培管理。搞好栗园深翻改土,能消灭在土中越冬的幼虫。清除栗园中的栎类植物,对减轻栗象发生有一定效果。

(3)人工防治 及时拾取落地虫果,集中烧毁或深埋,消灭其中的幼虫。还可利用成虫的假死习性,在发生期振树,虫落地后捕杀。

(4)温水浸种 将新采收的栗实在 50℃温水中浸泡 15分钟,或在 90℃热水中浸 10～30 秒钟,杀虫率可达 90% 以上。处理后的栗实,晾干后即可沙贮,不影响栗实发芽。在处理时,应严格掌握水温和处理时间,否则会产生烫伤。

(5)药剂熏蒸 将新脱粒的栗实放在密闭条件下(容器、封闭室或塑料帐篷内),用药剂熏蒸。各种药剂用量和处理时间如下:①溴甲烷:每立方米栗实用药量 60 克,处理 4 小时;②二硫化碳:每立方米栗实用 30 毫升,处理 20 小时;③56%磷化铝片剂:每立方米栗苞用药 21 克,每立方米栗实用药 18克,处理 24 小时。药剂处理要严格掌握用药量和处理时间,用药量过大或处理时间过长,会增加药剂在栗实中的残留量。

(6)药剂处理土壤 在虫口密度大的栗园,于成虫出土期在地面喷洒 5% 辛硫磷粉剂、2% 甲胺磷粉或对硫磷粉。喷药后用铁耙将药、土混匀。在土质的堆栗场上,脱粒结束后用同样药剂处理土壤,杀死其中的幼虫。

(7)药剂防治 在成虫发生期,往树上喷 40% 久效磷乳油 1 500 倍液,或 40% 乐果乳油 1 000 倍液,50% 敌敌畏乳油800 倍液,90% 敌百虫晶体 1 000 倍液,消灭成虫效果都很好。

（二）栗雪片象

栗雪片象又叫栗雪片象虫，属鞘翅目，象虫科。它是板栗的一种新害虫，分布于我国河南、江西、陕西和甘肃等省栗产区。寄主主要是栗属植物，其中板栗受害最重，油栗也可受害。主要以幼虫为害栗实。在陕西省镇安、柞水县等栗产区，坚果受害率一般为 20%～30%，严重时达 70%；在河南省新县，受害严重的栗园坚果被害率可高达 90%。其成虫可取食花序、栗苞、嫩枝及皮层、叶柄等。

【为害状】

幼虫沿果柄蛀入栗苞，在其中蛀食（但不蛀入栗实内），造成弯曲虫道，虫道内充满虫粪。栗实灌浆后，幼虫蛀入其中为害。老熟幼虫将栗实和苞皮咬成棉絮状，在其中越冬。

【形态特征】

（1）成虫　体长 7～9 毫米，宽 3.8～4.2 毫米。体长椭圆形，密被浅褐色短毛。头管粗短，略弯曲，黑色，约为体长的 1/4。触角膝状，着生在头管近末端。前胸宽略大于长，背板黑色，稍有光泽，有许多瘤状突起。鞘翅浅黑褐色，基部有许多铁锈色与白色相间的小点，端部有一条白带纹，鞘翅上有许多间断的黑色刻点，近翅中缝处的两列较为明显。足腿节后端 1/3 处有钝齿（图 1）。

（2）卵　圆形，直经约 0.9 毫米，淡黄色。

（3）幼虫　老熟幼虫体长约 10 毫米，头部褐色，体白色，肥胖，略弯曲，多皱褶。足退化。

（4）蛹　长约 10 毫米，黄白色。裸蛹。

【发生规律和习性】

栗雪片象在陕西和河南省栗产区 1 年 1 代，以老熟幼虫

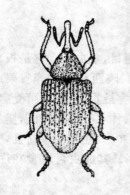

图1 栗雪片象成虫
（仿陕西省果树研究所）

在脱落的栗苞内或土中越冬。在河南省新县,越冬幼虫于4月上旬开始化蛹,4月中旬为化蛹盛期,5月中旬为末期。成虫于4月下旬开始羽化,羽化盛期在5月上旬。在陕西省柞水县栗产区,幼虫化蛹盛期在4月下旬至5月上旬,羽化盛期在5月下旬至6月上旬。成虫羽化期不整齐,可延续到8月份。成虫羽化后先在栗苞中停留一段时间,然后咬破栗苞爬出。成虫只能短距离飞行,有假死性,受惊扰即落地。成虫以取食嫩叶、栗苞等来补充营养。交尾后的雌成虫用口器在果柄基部咬一个小洞,产卵在洞口,再用头管推到洞内,并用碎屑覆盖洞口。从外表只能见到伤痕,见不到卵。每个栗苞只产卵1粒。成虫产卵期较长,7月中下旬为产卵盛期。卵期15～25天。初孵幼虫先在栗苞内取食,以后逐渐转入栗实内为害。蛀果早的幼虫可引起早期落果(多在7月下旬至8月上旬),蛀果晚的幼虫多随果实采收时被带出栗园,有的老熟幼虫脱果后入土越冬。

越冬幼虫耐低温而不耐干旱,低湿少雨情况下幼虫死亡率增加。成虫羽化期遇雨有利于羽化。一般情况下,山坡地栗树受害较重。据程良勤报道,雪片象抱缘姬蜂和斑蠒对栗雪片象的发生有一定抑制作用。

【防治方法】

药剂防治、熏蒸栗实和人工捕杀方法,参照栗象防治部分。

（三）剪枝栗实象

剪枝栗实象又叫板栗剪枝象鼻虫、剪枝象甲，属鞘翅目、象虫科。分布于我国辽宁、河北、河南、山东、江苏、湖北、湖南等省栗产区。主要寄主是板栗、茅栗，还可为害栎类植物。成虫咬断果枝，造成大量栗苞脱落；幼虫在坚果内取食。为害严重时可减产 50%～90%。

【为害状】

成虫在栗苞上产卵。栗苞着卵后，其果枝被成虫咬断，枝果坠落。幼虫先取食栗苞，然后蛀食果肉。被害坚果内充满虫粪，失去发芽力和食用价值。

【形态特征】

（1）成虫　体长 6.5～8.2 毫米，宽 3.2～3.8 毫米，蓝黑色，有光泽，密被银灰色绒毛，并疏生黑色长毛。鞘翅上各有 10 列刻点。头管稍弯曲，与鞘翅等长。雄虫触角着生在头管端部 1/3 处，雌虫触角着生在头管的 1/2 处。雄虫前胸两侧各有一个尖刺，雌虫则无。腹部腹面银灰色。

（2）卵　椭圆形，初产时乳白色，逐渐变为淡黄色。

（3）幼虫　初孵化时乳白色，老熟时黄白色。体长 4.5～8.0 毫米，呈镰刀状弯曲，多横皱褶。口器褐色。足退化（图2）。

（4）蛹　裸蛹。长约 8.0 毫米，初期呈乳白色，后期变为淡黄色。头管伸向腹部。腹部末端有一对褐色刺毛。

【发生规律和习性】

剪枝栗实象 1 年 1 代，以老熟幼虫在土中做土室越冬。翌年 5 月上旬开始化蛹，蛹期 1 个月左右。5 月底至 6 月上旬成虫开始羽化，成虫发生期可持续到 7 月下旬。成虫羽化后即破

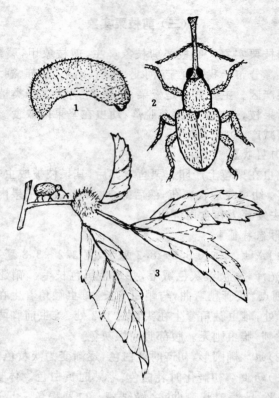

图 2　剪枝栗实象 （仿唐时俊等）

1. 幼虫　2. 成虫　3. 为害状

土而出,上树取食花序和嫩栗苞,约 1 周后即可交尾产卵。成
虫在上午 9 点至下午 4 点比较活跃,早、晚很少活动,受惊扰
即落地假死。交尾后的成虫即可产卵。成虫产卵前先在距栗
苞 3～6 厘米处咬断果枝,但仍有皮层相连,使栗苞枝倒悬其
上。然后再在栗苞上用口器刻槽,产卵其中,产毕用碎屑封口。

最后将倒悬果枝相连的皮层咬断,果实坠落。少数果枝因皮层未断仍挂在树上。每头雌虫可剪断 40 多个果枝。栗树中下部的果枝受害较重。在江苏省溧阳县栗产区,雌成虫在 6 月上中旬至 7 月中下旬产卵,产卵盛期在 6 月中下旬,此时也是雌成虫为害盛期。在河南省豫南栗产区,成虫产卵盛期在 6 月下旬。幼虫从 6 月中下旬开始孵化。初孵幼虫先在栗苞内为害,以后逐渐蛀入坚果内取食,最后将坚果蛀食一空,果内充满虫粪。幼虫期 30 余天。到 8 月上旬,即有老熟幼虫脱果。幼虫脱果后入土做土室越冬。雨水不利于幼虫成活。

【防治方法】

可采用农业防治、人工捕杀和药剂喷洒,其方法参照栗象的防治部分。

(四)二斑栗象

二斑栗象属鞘翅目,象虫科。它是为害板栗的一种新象虫,分布在我国云南省板栗产区。

【为害状】

幼虫蛀果为害,果实被蛀食一空,其内充满虫粪。老熟幼虫脱果后在坚果上留下脱果孔。

【形态特征】

(1)成虫 体长 5.7～6.8 毫米,长卵圆形,黑色,有光泽,密被锈褐色鳞片。前胸背板有 3 条不明显的白色纵纹。鞘翅中部稍后有一对黑斑,前半部黑色,后半部白色,后缘为或明或暗的黑带。喙细长,暗褐色,光滑,基部散布刻点,弯成弧形。雌虫喙略短于身体,触角着生于喙基部 1/4 处。雄虫喙较短,仅为体长的 2/3,触角着生于喙中间以前。

(2)幼虫 老熟幼虫体长 7～9 毫米,头部暗褐色,体浅黄色,弯曲成"C"形。体壁多横皱褶,疏生黄褐色短毛。足退化。

(3)蛹 裸蛹。长卵形;长6.7～7.5毫米,初期乳白色,羽化时变为深褐色。腹部末端背面两侧各有一刺状突起。

【发生规律和习性】

据罗佑珍等报道,二斑栗象在云南省1年1代,以老熟幼虫在土中做土室越冬。翌年4月下旬开始化蛹,5月中旬羽化成虫,6月中旬是羽化盛期,羽化期一直延续到10月上旬。成虫羽化后在蛹室内静伏4～6天后出土。在成虫羽化期遇雨,有利于羽化。成虫一般在夜间出土活动,有假死性,白天可短距离飞行,可取食嫩叶,并产卵于幼果内。幼虫孵化后蛀食坚果,老熟后脱果入土越冬。入土深为3～22厘米,以7～8厘米处最多。也有一部分老熟幼虫留在果内越冬。早期被害果易脱落。

不同品种受害率有明显差异,亮栗受害最重,其次是勺把栗,毛栗、细栗受害最轻。

【防治方法】

(1)人工防治和农业防治 ①及时拾取落地虫苞,集中烧掉,消灭其中的幼虫。②晚秋或早春翻树盘,破坏幼虫越冬的土室,消灭其中的幼虫。③栽培抗虫品种。

(2)药剂熏蒸 将刚采回的栗苞放在塑料袋内,按每50千克栗苞加3克磷化铝(熏蒸剂)计算,装好后扎紧袋口,熏蒸5～7天,即可杀死栗苞内的幼虫。磷化铝释放的气体对人、畜有剧毒。熏蒸工作必须在远离人、畜的仓库内进行,切勿在居室内熏蒸。熏蒸结束后,打开袋口放气2天后再带回庭院。

(五)柞栎象

柞栎象又叫橡实象甲、橡实象鼻虫,属鞘翅目,象虫科。我国大部分板栗产区都有分布。寄主有栗和栎属植物,板栗受害较重。主要以幼虫蛀果为害,成虫食害嫩叶。

【为害状】

幼虫在被害果内蛀食,形成扁圆形蛀道,其内充满虫粪。被害果易早落,失去发芽力和食用价值。幼虫老熟脱果后在坚果上留下圆形脱果孔。

【形态特征】

(1)成虫 体长约9毫米,长卵圆形,密被灰褐色鳞毛。鞘翅上有黑褐色鳞片组成的斑纹。头管细长,赤褐色,几乎与体等长,端部稍向下弯曲。触角膝状,端部膨大。雌虫触角着生于头管中部稍后,雄虫触角着生于头管中部。足腿节端部膨大。

(2)卵 椭圆形,长约1.5毫米,乳白色。

(3)幼虫 老熟幼虫体长约12毫米。头部褐色,体乳黄色或淡黄色,稍弯曲,多皱褶(图3)。

(4)蛹 裸蛹。长约12毫米,初期为乳白色,羽化前变为灰褐色。

【发生规律和习性】

柞栎象1年1代,以老熟幼虫在土中越冬。在东北板栗产区,越冬幼虫于7月份化蛹,蛹期约15天,8月份出现成虫。在江西省栗产区,7月中旬出现成虫,8月上旬成虫产卵,8月下旬幼虫孵化,9~10月份幼虫老熟后脱果。成虫白天活动,多在中午前后取食嫩叶以补充营养。交尾后的雌成虫用口器在栗苞上咬一个小洞,产卵其中,每个栗苞产卵1粒,偶有2粒者。卵期约10天。幼虫孵化后先沿种皮向果蒂方向蛀食,以后逐渐蛀入坚果内取食。被害果常提早脱落。采果时尚未老熟的幼虫继续在其中为害,直至老熟后脱果,入土做土室越冬。

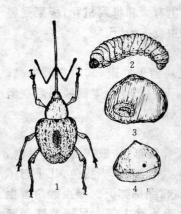

图3　柞栎象

1. 成虫　2. 幼虫
3. 被害果　4. 脱果孔

【防治方法】

人工捕杀、农业防治、药剂防治和栗实熏蒸,参考栗象防治部分。

(六)栗子小卷蛾

栗子小卷蛾又叫栗实蛾、栎实卷叶蛾,属鳞翅目,卷蛾科。分布于我国东北、华北、西北、华东等板栗产区。寄主有栗、栎、核桃、榛等植物,以板栗受害最重。以幼虫蛀食栗苞和坚果。

【为害状】

小幼虫在栗蓬内蛀食,稍大后蛀入坚果为害。被害果外堆有白色或褐色颗粒状虫粪。幼虫老熟后在果上咬一不规则脱果孔脱果。

【形态特征】

(1)成虫　体长7～8毫米,翅展15～18毫米。体灰色,下唇须圆柱形,略向上举。前后翅灰黑色,前翅近长方形,顶角下稍凹,前缘有几组大小不等的白色斜纹。近顶角的5组比较明显,后缘中部有4条波状白色斜纹,斜向顶角,彼此间界限不清,外缘内侧除肛上纹呈灰白色外,顶角之下和4条波状白纹的外侧颜色较暗。

(2)卵　圆形,直径约0.5毫米,稍扁平,黄白色。

(3)幼虫　初孵幼虫白色。老熟幼虫体长8～13毫米,头部黄褐色至暗褐色,前胸背板褐色,胴部暗绿色至暗褐色,各节毛瘤上着生细毛(图4)。

(4)蛹　体长7～8毫米,赤褐色,稍扁。

(5)茧　褐色,纺锤形,以丝缀枯叶做成。

【发生规律和习性】

栗子小卷蛾1年1代,以老熟幼虫在栗蓬或落叶层内结茧越冬。在辽宁省丹东地区于翌年6月份开始化蛹,蛹期约半个月,7月上旬出现成虫,7月中旬为

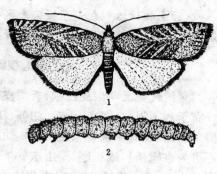

图4　栗子小卷蛾
1. 成虫　2. 幼虫

成虫羽化盛期,亦是产卵盛期。成虫白天静伏叶背,傍晚活动,并在栗蓬附近的叶片背面或果柄基部产卵,有时产卵于蓬刺上,卵期10天左右。7月下旬初孵化的幼虫先蛀食蓬壁,9月份大量蛀入坚果内为害。幼虫期45～60天。9月下旬至10月上中旬栗实成熟后老熟幼虫脱果,潜入落叶层、浅土层、石块下等隐蔽处做茧越冬。栗实采收时尚未脱果的幼虫,随栗蓬一起带到堆蓬场所,幼虫继续在果实内为害,直至老熟后才脱果,寻找适当场所越冬。

【防治方法】

(1)人工防治　①栗树落叶后清扫栗园,将枯枝落叶集中烧掉或深埋树下,消灭在此越冬的幼虫。②在堆栗场上铺篷布或塑料布,待栗实取走后收集幼虫集中消灭,或用药剂处理堆栗场。

（2）**药剂防治**　在成虫产卵盛期至幼虫孵化后蛀果前喷药防治。常用药剂有：50％杀螟松乳油 1 000 倍液,25％亚胺硫磷乳油 1 000 倍液,50％敌敌畏乳油 1 000 倍液。

（3）**生物防治**　在丹东板栗产区,用赤眼蜂防治栗子小卷蛾取得了良好的防治效果,每亩放蜂量约 30 万头。

（七）栗洽夜蛾

栗洽夜蛾又叫栗皮夜蛾、板栗皮夜蛾,属鳞翅目,夜蛾科。分布于我国河北、河南、山东、江苏、江西等省栗产区。寄主主要是板栗,还有茅栗和栎类植物。幼虫主要为害栗蓬和坚果,还可为害嫩梢和雄花序。据山东省莱阳县林业局调查,坚果被害率为 30％～50％,是为害板栗的一种主要害虫。

【为害状】

被害栗蓬上有幼虫吐丝结成的丝网,在蛀孔处的丝网上有粪便。蓬刺变黄、干枯,顶端呈放射状开裂,露出坚果,严重时栗蓬变成空壳(插页 1 彩图)。

【形态特征】

（1）**成虫**　体长 8～10 毫米,翅展 15～20 毫米。体淡灰黑色,触角丝状,复眼黑色,胸部背面和侧面的鳞片隆起。前翅淡灰褐色,亚外缘线与中横线间为灰白色,近翅基部有 2 条黑色波状纹,前缘近顶角处有一个椭圆形黑斑。后翅淡灰褐色。

（2）**卵**　馒头形,中间有圆形突起,直径 0.6～0.8 毫米。初产时乳白色,孵化前变为灰白色。

（3）**幼虫**　初孵幼虫淡褐色,以后变为绿褐色或褐色。老熟幼虫体长 12～14 毫米。前胸背板深褐色,中、后胸背面有 6 个毛片,腹部第一至七节背面各有 42 个毛片,排列成梯形。臀板深褐色。

（4）蛹　长椭圆形,长 8～10 毫米。黄褐色,背面色较深,外被一层白粉(图 5)。

（5）茧　纺锤形,长约 12 毫米,白色,外被黄褐色绒毛。

【发生规律和习性】

栗沼夜蛾 1 年 2～3 代,以老熟幼虫在落地栗蓬刺束间或树皮裂缝中结茧化蛹越冬,也有报道以幼虫越冬者。在河南省新县,5 月上旬开始出现越冬代成虫,5 月中下旬为成虫产卵期,5 月下旬第一代幼虫开始孵化,6 月上旬为幼虫孵化盛期。6 月下旬老熟幼虫开始化蛹,7 月上旬羽化第一代成虫,9 月上旬出现第二代成虫。成虫继续产卵,发生第三代幼虫,幼虫于 10 月中旬至 11 月中旬结茧化蛹。在山东省胶东板栗产区,第一代卵期发生在 5 月中旬至 6 月下旬,卵期 3～5 天。第一代成虫期发生在 6 月下旬至 7 月中旬,第二代幼虫发生盛期在 7 月下旬

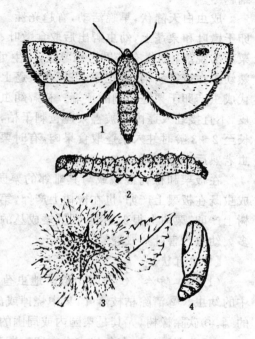

图 5　栗沼夜蛾
1. 成虫　2. 幼虫　3. 为害状　4. 蛹

至 8 月上旬。8 月上旬出现第二代成虫。第三代卵发生期在 8 月上旬至 9 月中旬。幼虫为害至老熟后,寻找适当场所结茧化蛹越冬。

成虫白天静伏,早晚活动,有趋光性。第一代成虫大多产卵于嫩叶和栗蓬上,幼虫孵出后取食嫩叶、花序或栗蓬。被害栗蓬易脱落。幼虫有转果为害习性,一生可为害 3 个栗蓬。老熟幼虫在被害新梢、雄花序、果梗或栗蓬上结茧化蛹。第二、三代成虫产卵于栗蓬苞刺的顶端。初孵幼虫多在苞刺间串食苞皮,不直接蛀入蓬内。被害栗蓬苞刺干枯,但不脱落。幼虫生长至 2～3 龄时蛀入栗蓬取食果肉,有时栗蓬被取食一空。幼虫老熟后脱果化蛹。

在板栗和橡树混栽或与其毗邻的栗园,越冬代和第一代成虫既在板栗上产卵,也在橡树上产卵。第二代成虫喜欢在橡树上产卵,栗树上很少见卵,在低矮成丛的橡树新梢上产卵最多。幼虫为害叶片或蛀梢。

【防治方法】

(1)人工防治　①及时拾取落地虫苞,集中处理,消灭其中的幼虫。②清除枯枝落叶,集中烧掉或深埋,消灭在此越冬的蛹。③砍除橡树,尤其是栗园内或周围的橡树丛,减少寄主。

(2)药剂防治　在各代成虫产卵盛期和幼虫孵化期,往树上喷药防治卵和幼虫。常用药剂有:40%乐果或氧化乐果乳油 1 000 倍液,90%敌百虫晶体 1 000 倍液,80%敌敌畏乳油 1 000倍液,50%对硫磷乳油 1 500 倍液。

(八)桃蛀野螟

桃蛀野螟又叫桃蛀螟、桃斑螟等,属鳞翅目,螟蛾科。我国大部分板栗产区都有分布,以长江流域和华北地区发生较重。

寄主除板栗外,还有桃、李、杏、梨、苹果、柿、山楂等果树和向日葵、玉米、高粱等作物,是一种多食性害虫。以幼虫为害板栗总苞和坚果。栗蓬受害率一般为 10%～30%,严重时可达 50%,是为害板栗的一种主要害虫。

【**为害状**】

被害栗蓬苞刺干枯,易脱落。被害果被食空,充满虫粪,并有丝状物相粘连。

【**形态特征**】

(1)成虫 体长约 10 毫米,翅展 20～26 毫米。全体黄褐色,虫体瘦弱。复眼球形,黑色。下唇须发达,向上翘。触角丝状。胸部背面、翅面、腹部背面都具有黑色斑点,前翅有 25～26 个,后翅约 10 个。腹部第一节和第三至六节背面各有 3 个黑点(插页 1 彩图)。

(2)卵 椭圆形,长约 0.7 毫米。初产时乳白色,孵化前变为红褐色。

(3)幼虫 老熟幼虫体长约 22 毫米。头部红褐色,前胸背板褐色。胴部颜色变化较大,有暗红色、淡灰色、灰褐色等,背面颜色较深。胴部第二至十一节各有灰褐色毛片 8 个,略排成 2 横排,前 6 后 2(插页 1 彩图)。

(4)蛹 长约 13 毫米,长椭圆形,褐色,背面色较深。腹部第五至七节的前缘各有一排小刺。臀棘细长,末端有 6 根刺钩。

【**发生规律和习性**】

桃蛀野螟在各地的发生代数不同,在辽宁省 1 年 2 代,在陕西、山东省 1 年 2～3 代,在河南省及江苏省南京市 1 年 4 代,在江西、湖北省 1 年 5 代,在湖南省则 1 年 6～7 代,均以老熟幼虫越冬。越冬场所比较复杂,有板栗堆果场、贮藏库、树干缝隙、落地栗蓬、坚果等处,还有玉米秸秆、向日葵花盘等。在长江流域,越冬幼虫于翌年4月份化蛹,化蛹期不整齐。在山东省泰安,越冬代成虫发生期在5月上旬至6月上旬。在辽宁省南部,越冬代成虫发生期在5月下旬至6月中旬。成虫白天和阴雨天停息在树叶背面,傍晚以后开始活动,喜食花蜜,有趋光性,对糖醋液也有趋性。越冬代成虫多产卵于桃、李等果实上,幼虫为害果实。在山东省,第一代成虫发生期在8月上旬至9月下旬,产卵于玉米、向日葵和早熟板栗上;第二代成虫大多产卵于板栗总苞上,幼虫为害总苞和坚果。在南京地区,第一、二代成虫产卵于玉米和向日葵上;第三代成虫发生期在9月上旬至10月下旬,产卵于板栗总苞上。据山东省果树研究所调查,幼虫为害板栗总苞盛期在9月中旬,并且主要为害苞皮,为害坚果较少。在板栗采收后堆积期,幼虫才大量蛀入坚果为害。幼虫老熟后寻找适当场所化蛹。

【防治方法】

(1)人工防治和农业防治 ①果实采收后及时脱粒,防止幼虫蛀入坚果。②在栗园零散种植向日葵、玉米等作物,诱集成虫产卵,专门在这些作物上喷药防治或将这些作物收割后集中烧掉。③清扫栗园,将枯枝落叶收集起来烧掉或深埋树下。

(2)果实熏蒸 参考栗象防治部分。

(3)药剂防治 可利用桃蛀野螟性信息激素做成诱捕器,在成虫发生期诱集成虫,以预测卵发生期,指导实施树上喷药。田间喷药适期是成虫产卵后和幼虫孵化期。常用药剂有50%杀螟松乳油1 000倍液,40%乐果乳油或50%敌敌畏乳油1 000倍液,还可试用菊酯类农药喷雾。

(4)性信息激素迷向 利用人工合成的桃蛀野螟性信息

素(有成品出售)迷惑雄成虫,使其失去交尾能力,从而减少雌虫产有效卵。据杨振亚等报道,每亩每次投放量 0.021 克,成虫迷向率达 85.4%,虫果率相对下降 74.89%。

二、芽、叶害虫

(一)栗蛀花麦蛾

栗蛀花麦蛾属鳞翅目,麦蛾科。分布于我国河北省的兴隆、迁西、遵化等地,是栗树上新发现的一种害虫。1978 年在河北省遵化县部分栗树发现受害;1986 年在河北省燕山栗区的兴隆、迁西、遵化等县普遍发生,为害严重。1988 年兴隆县调查,栗实损失率达 23.4%,部分栗树甚至绝产。

【为害状】
栗蛀花麦蛾以幼虫蛀食栗树的花序。在雄花花序上为害的幼虫由小蕾基部或萼片间蛀食,雄花和序轴被串蛀呈枯褐色。在混合花序上为害雌花时,幼虫蛀食柱头和子房,多在果皮下潜食,柱头和苞刺变褐色,蛀孔外有黑褐色粒状虫粪,受害花序从基部脱落,对产量影响较大。

【形态特征】
(1)成虫　体长 2.7～3.4 毫米,头部白色,触角长约为前翅长的 4/5,端半部有微锯齿,背面黑白相间,腹面白色。下唇须向上弯超过头顶。胸部白色,中胸背中央褐色,翅基片白色。足白色,中、后足胫节和跗节的外侧有黑斑。前翅长 3.5～4.2 毫米,白色杂有暗褐色或黄褐色鳞片,翅前缘约 1/4,2/4,3/4 处各有一黑色斑点,翅中部有一黑色斑点及圆形浅黄色斑,翅褶基部下方和后缘 3/4 处各有一黑点,缘毛白色,其中间有一列暗褐色斑。后翅白色发污,不呈梯形,在端部1/3处突然收窄,缘毛特长,白色。腹部白色,背面有灰白色鳞片。

(2)卵 近圆形。初产时为浅绿色,透明,逐渐变为淡黄色并开始出现褐色斑点,以后颜色变淡而斑点加深。

(3)幼虫 初孵幼虫淡黄色,头部、前胸盾和肛上板褐色。老熟幼虫红褐色,头部、背胸盾和肛上板黑褐色。上颚4齿明显,第五齿不明显。胸足3对,腹足4对,趾钩8~10枚,臀足1对,趾钩6~8枚,呈横列状,肛上板宽大。体长4.5~5.5毫米。

(4)蛹 体长3.0~3.2毫米,黄褐色。头部暗褐色,复眼褐色。

【发生规律和习性】

栗蛀花麦蛾在河北省燕山栗产区1年1代。以蛹在栗树枝干裂皮缝、翘皮下结薄茧越冬,亦有少数在栗树附近的山楂、梨、核桃、柞、栎等树皮裂缝中越冬。在春季旬平均温度达17℃时,越冬蛹开始羽化,羽化盛期在5月下旬至6月上旬。成虫发生期30~45天,成虫寿命10天左右。产卵盛期在6月上中旬,卵期平均10.8天。幼虫为害盛期在6月中下旬即栗盛花期,幼虫期14天左右。老熟幼虫脱花向枝干转移历时12天左右,盛期在6月下旬。受害混合花序脱落期在6月底7月初。7月上中旬幼虫化蛹越冬。10年生以下的幼树和大树外围的枝条上,因皮层光滑,基本无越冬蛹。20年生以上的大树上,蛹的分布主要集中在中心干和主枝基部,约占总越冬蛹量的79%,其中心干占44.9%,主枝基部占33.9%;在树冠上部直径7厘米左右粗的枝条上,越冬蛹量占6.8%,主干基部无越冬蛹。越冬蛹的自然死亡率为22.8%~64.3%,其中白僵菌寄生率为7.4%~30.7%,寄生蜂寄生率为7.1%~

10.1%。

　　成虫有昼伏、傍晚群栖、趋光性强、扩散力弱等习性和特点。从晚8时开始飞往树冠，多数在叶正面而少数在叶背面和花序上交尾，交尾历时2小时左右。雌虫产卵一般在午夜前，午夜后因气温下降多停息不动。前期的卵多集中产在雄花序中段的小蕾缝隙间、基部、顶部及序轴上，少量产在叶背主、侧脉夹角处；后期的卵散产在混合花序的雌花柱头、嫩苞刺间及雄花上。雌蛾抱卵量6~10粒，平均7.3粒。卵期9~12天，平均10.8天，孵化率为61.5%~70.0%。早晨6时后成虫飞回枝干寻觅树皮裂缝处，头部向上隐伏。上午多在阳面，下午转往阴面，午后4时许逐渐向树干基部聚集，至黄昏时密度最大，多集中在树干基部1米范围内的地面或杂草上群栖，不活泼。成虫趋光性较强。成虫盛发期，当夜晚无风、气温在19℃以上时，1支20瓦黑光灯管可诱蛾1 500头以上。成虫转株扩散力较弱，越冬虫量大的树受害重，而相邻蛹量少的树受害则较轻。

　　幼虫在雄花序上有群集为害、吐丝拉网的习性。在混合花序上无转果为害现象。

　　初孵幼虫不活泼，大龄幼虫爬行迅捷。雄花序上的幼虫孵化后先食卵壳或取食少许花蜜，第二天从小蕾基部或萼片间蛀食。雄花和序轴被串食后呈枯褐色，蛀孔外堆有黄褐色粒状虫粪。遇不良天气，幼虫可随时吐丝拉网，并以食物碎屑和粪便堵塞网眼，在网下继续蛀食。每花序上可见幼虫1~9头。在混合花序雌花上的幼虫孵化后2~3天则蛀食柱头和子房，多在果皮下潜食，使蛀头和刺苞变褐色，蛀孔外有黑褐色粒状虫粪。被害幼苞或雄花约8天后整个花序从基部脱落。蛀害柱头的占50%，果侧占34%，果柄占10%以上。幼虫老熟后可吐丝下垂,晴天中午可见大量幼虫当空悬吊,经一段时间后又沿丝返回树上。转移到枝干上的老熟幼虫,经1～2天即在贴近嫩皮层外蛀一长形凹穴结茧化蛹。前蛹期5～7天,虫体由浅红色变为浅黄和浅绿色。第三天至第五天变为白色蛹,此后渐变成红褐色。

成虫羽化期与春季旬平均温度关系非常密切。当旬平均温度达17℃时开始羽化,如5月下旬气温在20℃,并稳定上升,无阴雨天气,成虫羽化较整齐、集中。成虫羽化盛期在5月25～27日,羽化历期仅9天。如5月下旬气温在17℃,成虫羽化盛期推迟至6月2～3日,羽化历期为14～19天。由于温度对成虫羽化的影响较为明显,而栗树的物候期又随温度的变化而变化,但栗雄花序盛花末期却是栗蛀花麦蛾卵孵化末期,因此,可以把该物候期作为树上喷药的适期。

【防治方法】

(1)刮皮灭蛹　一般发生年份只采用选择性刮树皮的方法,即可控制为害。在冬春季成虫羽化前,对越冬蛹量大的树,重点刮除中心干和主枝基部的粗翘皮,集中烧毁。

(2)熏杀成虫　在成虫盛发期,利用其傍晚群栖树干基部的习性,喷50%敌敌畏乳油1 000倍液,杀虫效果较好。

(3)树冠喷药　在幼虫孵化末期即栗雄花盛花期,往树上喷50%对硫磷乳油1 500倍液,2.5%溴氰菊酯乳油或20%速灭杀丁乳油2 000～2 500倍液,有较好的防治效果。

(4)阻杀幼虫　幼虫脱花前,在中心干和主枝中上部涂约10厘米宽的粘虫胶环,阻杀老熟幼虫。

(二) 栗 窗 蛾

栗窗蛾又叫窗斑翅蛾,属鳞翅目,窗蛾科。分布于我国江西、河北省。该虫在新建栗园发生较为普遍,局部地区为害严重,受害株率为 40%～50%。

【为害状】

栗窗蛾以幼虫将叶尖或叶中部边缘横卷,形成不规则的筒形,幼虫在卷叶内取食叶肉。被害叶片逐渐枯黄,影响栗树生长。

【形态特征】

(1)成虫 雄虫体长 9.5～10.0 毫米,翅展 18～20 毫米;雌虫体长 8.0～8.5 毫米,翅展 20～22 毫米。头部较小,复眼明显露出,草绿色,单眼退化,口器较发达。触角丝状,长度约为前翅长的 1/2。全身黄褐色。翅上有网状斑纹,前、后翅缘毛白色,前翅中间和顶角有一条不规则的黑褐色斜纹带。胸足淡黄色,中足胫节有刺 1 对。

(2)卵 柠檬形,长 0.8 毫米。顶端较小,有圆盖,基部较尖。卵壳上有纵行隆起线 10～12 条,各线之间横线若干条。初产时乳白色,渐变为乳黄色,孵化前呈棕褐色。

(3)幼虫 老熟幼虫体长 16～17 毫米,全身淡黄色,老熟时呈金黄色。每个体节上有黑色瘤 8～10 个,瘤上均着生乳黄色毛一根。头油黄色,口器褐色。胸足黑褐色,腹足、臀足淡黄色。各龄幼虫体长分别为:1 龄 1.5～2.0 毫米,2 龄 2.8～3.1毫米,3 龄 6～7 毫米,4 龄 10～12 毫米,5 龄 16～17 毫米。

(4)蛹 长 9.5～10.0 毫米,全身油黄色,表面光滑。

【发生规律和习性】

在江西 1 年 3 代,以老熟幼虫在卷叶内越冬。2 月下旬越冬幼虫开始化蛹,盛期在 3 月中旬,并有少数成虫羽化,4 月中旬为成虫活动和产卵盛期。第一代幼虫大量孵化,为害期在 4 月中下旬,5 月上旬开始化蛹,中旬出现成虫,5 月下旬为第一代成虫产卵高峰期,同时出现少数第二代幼虫。第二代幼虫孵化盛期为 6 月上旬,7 月上旬幼虫化蛹,7 月下旬至 8 月上旬为成虫产卵高峰。8 月中旬为第三代幼虫孵化盛期。完成一代需要 50.5～58.2 天。

成虫羽化与温度、湿度有密切关系。日平均温度低于 14℃,相对湿度高于 90%,不利于越冬代成虫羽化。第一代成虫羽化的适宜温度为 21～26℃,相对湿度为 75%～95%。日平均温度低于 18℃,相对湿度高于 98%,不利于成虫羽化。第二代成虫羽化的适宜温度为 28～32℃,相对湿度为 70%～88%。若相对湿度高于 90%,对羽化不利。

成虫多在 20～22 时羽化,羽化后 2～3 小时渐渐活跃,日活动最活跃的时间为 18～21 时。成虫有趋光性,羽化后第二天开始交尾,交尾后第二天开始产卵,多在夜间产卵,一般产在嫩叶上,卵散产,多为每叶 1 粒。每头雌虫最多产卵量为 37 粒,最少 29 粒,平均 32.6 粒。卵期 3.5～5.5 天,孵化率达 90% 以上。幼虫孵化以上午 6～9 时最多。幼虫孵化后先钻入嫩叶主脉的组织内为害,经 2～3 天后爬出,吐丝卷叶,并在卷叶内取食,待被害叶枯黄后转移叶片继续为害。幼虫 5 龄,发育历期为 33.5～36.5 天。1 龄幼虫发育历期 3～8 天;2 龄 5～8 天;3 龄 7.5～8.5 天;4 龄 6.5～10.0 天;5 龄 7.5～8.5 天。各代蛹历期分别为:第一代 7～13 天;第二代 6～11 天;第三代 13～33 天。

栗窗蛾发生为害程度与栗园坡向、地势及管理水平均有一定关系。南坡栗园较北坡栗园受害严重(前者受害率为 46.6%,后者受害率为 15%),山脚下的栗园较山顶栗园受害重(前者受害率为 56.6%,后者受害率为 28%),管理粗放的栗园较管理好的栗园受害重(前者受害率为 50%,后者受害率为 15％）。天敌对该虫发生的控制作用明显,幼虫被寄生率在 60％左右。

【防治方法】

(1)清除落叶 由于幼虫在落叶卷筒内越冬,清除栗园落叶是一项行之有效的方法。在栗树落叶后至成虫羽化前认真清扫落叶,集中烧毁或埋于树下,可减少越冬虫量。

(2)加强管理 在生长季加强栗园肥水管理,及时清除园内杂草,提高管理水平,可减轻为害。

(3)药剂防治 在害虫发生量大、为害重的栗园,在幼虫孵化高峰期,树上可喷洒 90％敌百虫晶体 2 000 倍液(幼虫死亡率可达 88％),或喷洒 2.5％溴氰菊酯乳油 2 500～3 000 倍液,20％速灭杀丁乳油 2 000 倍液,对幼虫均有较好的防治效果。

(三)重阳木锦斑蛾

重阳木锦斑蛾又叫重阳木星毛虫,属鳞翅目,斑蛾科。分布于我国河南、山西、湖北、云南、广西、广东、台湾等省、自治区。寄主有栗树和重阳木。

【为害状】

重阳木锦斑蛾以幼虫为害叶片。低龄幼虫喜食嫩叶,残留叶脉;虫龄稍大后将叶片食成缺刻或孔洞,常将叶片吃光。

【形态特征】

(1)成虫 体长 17～24 毫米,翅展雌蛾 61～64 毫米,雄蛾 47～54 毫米,黑色,形如凤蝶。头部较小,红色。触角栉齿状,黑色。前胸背板前端红色,中央褐色;中胸背板黑色有光泽,近后缘有两个红点。腹部红色,各节有蓝色斑点 5 个,背面 1 个,两侧各 2 个。前翅黑色,较长,基部有一个红点。后翅顶角略突伸似尾状,基半部有蓝绿色光泽,有的个体由翅基可达翅顶。前后翅反面基部红色。

(2)卵 椭圆形,3~5粒成堆产在一起。

(3)幼虫 体长17~18毫米,体肥、略短,淡黄色,背面棕红色。头黑褐色,较小,大部分缩入前胸。各体节背面多有6个毛瘤,其上生刚毛2根,体表具细毛和分泌腺孔,瘤与瘤之间有一黑斑。

(4)蛹 长12~14毫米,略弯曲,初期淡黄色,后变为深褐色。

【发生规律和习性】

重阳木锦斑蛾在湖北省1年4代,以老熟幼虫在树洞、皮缝、砖石块下及附近建筑物的缝隙中结茧越冬。3月中旬越冬幼虫化蛹,4月上中旬成虫羽化,羽化后经一段时间交尾产卵。4月底幼虫孵化,5月中下旬为蛹期,6月初第一代成虫羽化。6月中旬第二代幼虫开始孵化,7月中旬化蛹,7月底第二代成虫羽化。第三代幼虫在8月上中旬孵化,8月下旬化蛹,9月上旬出现第三代成虫。9月中下旬为第四代幼虫发生期,至10月中旬幼虫老熟,陆续进入越冬场所结茧越冬。成虫多在黄昏产卵,卵多产在小枝分杈处,3~5粒粘在一起成堆。每头雌虫可产卵30多粒。成虫多在白天活动飞行,但飞行能力不强,多在树干或荫蔽的叶上停息。卵期5天左右。幼虫共5龄。1~2龄幼虫食害嫩叶,残留叶脉;3龄幼虫常将叶片吃光;5龄食量最大,将叶食光后可吐丝下垂或爬行转移。幼虫群集性差,老熟幼虫吐丝卷叶结薄茧化蛹。蛹期11天左右。

【防治方法】

(1)人工防治 在冬季至早春成虫羽化前堵树洞,刮树皮,消灭越冬幼虫。

（2）**药剂防治**　使用药剂防治的关键时期为第一代幼虫孵化盛期，喷洒 50％敌敌畏乳油或 50％杀螟松乳油 1 000 倍液，50％对硫磷乳油 2 000 倍液，2.5％溴氰菊酯乳油或 20％速灭杀丁乳油 2 500～3 000 倍液，30％桃小灵乳油 2 500 倍液，对杀灭幼虫均有较好的效果。

（四）苹掌舟蛾

苹掌舟蛾又叫苹果舟形毛虫、苹果天社蛾，属鳞翅目，舟蛾科。该虫分布极广，目前我国除新疆、青海、宁夏、甘肃、西藏和贵州等省、自治区尚无记录外，其余省份均有发生。寄主有栗、核桃、梅、杏、李、桃、樱桃、苹果、梨、山楂、榅桲、枇杷等多种果树，还可为害榆、柳等树木。

【为害状】
苹掌舟蛾以幼虫食害叶片。幼龄幼虫群集取食叶肉，剩下叶脉；大龄幼虫分散取食，将叶片食光。大发生时可将整株叶片吃光，对树势、果实产量影响较大。

【形态特征】
（1）**成虫**　体长约 25 毫米，翅展雄虫 34～50 毫米，雌虫44～66 毫米。前翅淡黄色，近翅基部有一椭圆形暗灰褐色斑，近外缘有 6 个椭圆形斑，排成带状，两斑之间有 3～4 条不清晰的黄褐色波浪形线（插页 1 彩图）。雌虫腹部背面土黄色，雄虫为浅黄色。

（2）**卵**　长约 1 毫米，圆形。初产时为淡黄白色，渐变为黄褐色，数十粒排成卵块。

（3）**幼虫**　老熟幼虫体长 50 毫米左右，头黑色，体紫红色，密被白色长毛。4 龄后体色加深，老熟时呈紫黑色，毛灰黄色，亚背线和气门上线灰白色，气门下线和腹线暗紫色（插页

1彩图)。幼虫静止时头尾翘起呈舟状。

(4)蛹　长20～23毫米,暗红褐色,臀棘6根。

【发生规律和习性】

苹掌舟蛾在我国各地1年1代,以蛹在表土层中越冬。在西北和东北地区,成虫于6月上旬开始羽化,7月下旬发生最多,一直延续到8月中旬。在南方,成虫羽化可延续到9月。成虫夜间活动,趋光性强。产卵于叶片背面,数十粒到百余粒整齐排列成块。卵期7天左右。幼虫从8月份到10月份都有发生。幼虫共5龄。3龄前常群栖叶背取食,3龄后逐渐分散。大发生时常将整株树叶片吃光,然后成群结队下树转移至邻近树上为害,猖獗异常。幼虫白天不活动,受惊时则吐丝下垂;静止时首尾翘起,并不停地颤动,形如小舟,故有舟形毛虫之称。幼虫为害至9月上中旬(南方约迟半个月),老熟后入土化蛹越冬。

【防治方法】

(1)人工防治　在幼虫3龄前,利用其群集为害的特点,摘除有虫叶片;3龄后,可振树击落幼虫,然后集中杀灭。

(2)农业防治　春秋季翻耕树盘,使蛹暴露于地表面,冻晒致死,或让鸟类捕食。

(3)药剂防治　幼虫发生期,树上喷洒生物农药青虫菌6号或B. t. 乳剂1 000倍液,或25%灭幼脲3号胶悬剂、25%苏脲1号胶悬剂1 000～1 500倍液,对幼虫防治效果可达90%以上。还可在幼虫下树期间在地面喷洒白僵菌粉剂,喷药后要浅锄树盘。

(五) 栎掌舟蛾

栎掌舟蛾又叫栗舟蛾、肖黄掌舟蛾,属鳞翅目,舟蛾科。分布于我国东北地区以及河北、陕西、山东、河南、安徽、江苏、浙江、湖北、江西、四川等省。寄主有栗、栎、榆、白杨等树种。

【为害状】

栎掌舟蛾以幼虫为害栗树叶片,把叶片食成缺刻状,严重时将叶片吃光,残留叶柄。

【形态特征】

(1)成虫 雄蛾翅展 44~45 毫米,雌蛾翅展 48~60 毫米。头顶淡黄色,触角丝状。胸背前半部黄褐色,后半部灰白色,有两条暗红褐色横线。前翅灰褐色,银白色光泽不显著,前缘顶角处有一略呈肾形的淡黄色大斑,斑内缘有明显棕色边,基线、内线和外线黑色锯齿状,外线沿顶角黄斑内缘伸向后缘。后翅淡褐色,近外缘有不明显浅色横带。

(2)卵 半球形,淡黄色,数百粒单层排列呈块状。

(3)幼虫 体长约 55 毫米,头黑色,身体暗红色,老熟时黑色。体被较密的灰白至黄褐色长毛。体上有 8 条橙红色纵线,各体节又有一条橙红色横带。胸足 3 对,腹足俱全(插页 2 彩图)。有的个体头部漆黑色,前胸盾与臀板黑色,体略呈淡黑色,纵线橙褐色。

(4)蛹 长 22~25 毫米,黑褐色。

【发生规律和习性】

栎掌舟蛾在我国各地均 1 年 1 代,以蛹在树下土中越冬。翌年 6 月成虫羽化,以 7 月中下旬发生量较大。成虫羽化后白天潜伏在树冠内的叶片上,夜间活动,趋光性较强。成虫羽化后不久即可交尾产卵,卵多成块产于叶背,常数百粒单层排列在一起。卵期 15 天左右。幼虫孵化后群聚在叶上取食,常成串排列在枝叶上。中龄以后的幼虫食量大增,分散为害。幼虫受惊动时则吐丝下垂。8 月下旬到 9 月上旬幼虫老熟下树入土化蛹,以树下 6～10 厘米深土层中居多。

【防治方法】

（1）人工防治　在幼虫发生期,幼龄幼虫尚未分散前组织人力采摘有虫叶片。幼虫分散后可振动树干,击落幼虫,集中杀死。

（2）地面喷药　幼虫落地入土期,地面喷洒白僵菌粉剂或 50%辛硫磷乳剂 300 倍液。喷药后耙一下,效果较好。

（3）药剂防治　在幼虫为害期,可往树上喷 25%敌灭灵可湿性粉或 25%灭幼脲 3 号胶悬剂 1 500 倍液,青虫菌 6 号悬浮剂或 B.t. 乳剂 1 000 倍液,对幼虫有较好的防治效果。也可喷洒 50%对硫磷乳油 2 000 倍液,90%敌百虫晶体 1 500 倍液。

（六）黄二星舟蛾

黄二星舟蛾又叫黄二星天社蛾、槲天社蛾,属鳞翅目,舟蛾科。分布于我国黑龙江、吉林、辽宁、河北、河南、山东、山西、陕西、湖北、安徽、江苏、浙江、江西、四川等省。寄主有栗、栎、柞树等。

【为害状】

黄二星舟蛾以幼虫为害栗树叶片,将叶食成缺刻或孔洞。大发生时可把整株树叶片吃光,对栗树生长及栗实产量有较大的影响。

【形态特征】

（1）成虫　体长 28～30 毫米,翅展雄虫 65～75 毫米,雌虫 72～88 毫米,全体黄褐色。头、颈板灰白色,胸背中央色较深。触角栉状。前翅黄褐色,有 3 条暗褐色横线,内外线较清晰,内横线微曲,外横线稍直,中横线呈松散带形。横脉纹由两个大小相同的黄色小圆点组成。后翅淡黄褐色。

(2)卵 圆形,褐色,常3～4粒堆积在一起。

(3)幼虫 体长70毫米左右,头部较大,全体粉绿色,有光泽,第一到第七腹节每节气门上侧有一条浅黄色斜线,每一斜线伸至后一节。胸足3对,腹足俱全。

(4)蛹 长30毫米左右,褐色。

【发生规律和习性】

黄二星舟蛾在东北1年1代,以蛹在树下土中越冬。在辽宁越冬蛹于6月末至7月初开始羽化。成虫羽化后白天潜伏,夜间活动,有趋光性。羽化后不久即可交配产卵。卵多产在叶背,通常3～4粒产在一起,亦有散产者。卵期7天左右。幼虫发生期在7月下旬至9月下旬。幼虫多在夜间取食为害,食量较大,大发生时常将叶片吃光,残留叶柄。至9月下旬幼虫老熟,并入土化蛹。在河南1年发生2代,6月上旬越冬代成虫羽化。第一代幼虫6月下旬开始发生,8月上旬出现第一代成虫;第二代幼虫为害至10月下旬老熟后入土化蛹。

【防治方法】

(1)人工防治 在幼虫发生期,可组织人力捕捉。秋春两季耕翻树盘,可以消灭部分越冬蛹。

(2)药剂防治 幼虫发生期,往树上喷洒25%敌灭灵可湿性粉、25%灭幼脲3号、25%苏脲1号悬浮剂等昆虫生长调节剂1 500倍液,或喷洒青虫菌6号悬浮剂1 000倍液。还可喷洒50%敌敌畏乳油1 000倍液,90%敌百虫晶体1 500倍液,50%杀螟松乳剂1 500倍液。上述药剂有较好防治效果。

(七)酸枣尺蠖

酸枣尺蠖属鳞翅目,尺蛾科。分布于我国河北、山西、宁夏等省、自治区。寄主有栗、枣、苹果等树种。

【为害状】

酸枣尺蠖以幼虫取食叶片。为害严重时将叶片食光,仅剩叶脉,对树势和栗实产量、质量均有影响。

【形态特征】

(1)成虫 雌雄异型。雄虫体长8～11毫米,翅展26～31毫米,暗灰褐色。触角羽状,触角干背面有灰白色鳞片,羽齿细长,密生灰白色纤毛。体密生灰褐色与黑褐色毛,翅基片有灰黄色长毛。前翅仅有一条黑色外线,与外缘近平行而末端弯向翅基;外线之前至中室为一灰白色大斑;前缘灰褐色;外缘为一条暗灰褐色宽带;外缘线至宽带间色微黄。后翅暗黄褐色;中线较细,黑褐色;外缘为一条暗灰褐色宽带;后缘灰褐色,基部生长毛。雌虫体长10～13毫米,翅极微小,体暗灰至暗灰褐色。后翅稍长于前翅,触角丝状,胫节和各跗节端部灰白色。产卵器细长,呈管状,为褐色。

(2)卵 椭圆形,略扁,长径0.7～0.8毫米,短径0.5～0.6毫米。初产时淡黄白色,经3～4天变为淡粉红色,孵化前呈灰黑色。

(3)幼虫 体长33～45毫米,淡灰色微灰绿。头部有不规则黑斑。亚背线较细,桃红色。气门线为黄白色宽带,其两侧为黑色粗线,相当于气门上下线;亚腹线很细,桃红色。气门近圆形,黑色。腹足和臀足各一对,趾钩双序纵带。臀足基部后侧有一锥状突,端生一刚毛。肛门下方也有一锥突,无刚毛(图6)。

(4)蛹 体长12～15毫米,略呈椭圆形,头端钝圆,腹末尖。初为红褐色,后变为黑褐色。体粗糙,头、胸及附肢密布皱褶,腹部密生刻点。臀棘尖端分叉。

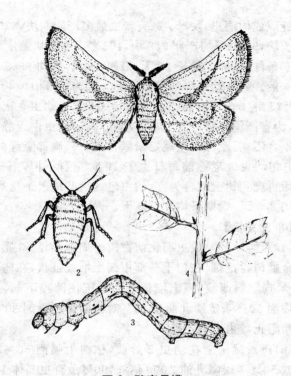

图6 酸枣尺蠖

1. 雄成虫 2. 雌成虫 3. 幼虫 4. 为害状

【发生规律和习性】

　　酸枣尺蠖1年1代,以蛹在距树干20厘米的地表下5～10厘米深土中越冬。雌成虫羽化期在4月上旬(4月7日)至4月中旬末期(4月17日)。成虫羽化后静伏于树干基部,约20分钟后缓缓爬至树干上等候雄虫交配。雌成虫平均寿命6.3天,最长10天,最短3天;雄成虫最长寿命9天,最短4天。雄虫有趋光性。雌虫交配后4～5天产卵。卵多产在枝条、树干缝隙或树洞里,块产。每头雌虫最多产卵9块,430粒,最少产1块,9粒,平均产卵3.3块,108粒。在平均温度13.1～13.9℃条件下,卵期最长27天,最短25天,平均25.8天。幼虫共5龄。各龄幼虫平均发育历期分别为:1龄10.4天;2龄4.8天;3龄4.5天;4龄8.1天;5龄12天。幼虫在夜间取食叶片,为害严重时将叶片食尽,仅剩叶脉。幼虫白天静伏于小枝上不食不动,受惊时用尾足紧攀枝条,头、胸部竖起如棍状。5月中旬幼虫近老熟前每日上午10时左右下树,下午4～5时以后再爬到树上取食为害,幼虫老熟后坠地入土化蛹。前蛹期平均3.5天,蛹期平均286.5天。

【防治方法】

(1)人工防治　成虫羽化前在树干周围半径50厘米范围内结合翻树盘挖蛹。在树干基部用细土堆成锥状,在树干上束10厘米宽塑料薄膜,将土堆顶部的土压住薄膜下部,并在土堆上喷洒50%辛硫磷乳油或25%对硫磷微胶囊剂300倍液,毒杀和阻止雌虫上树产卵。

(2)药剂防治　在幼虫2龄前,往树上喷洒50%对硫磷乳油或50%辛硫磷乳油2 000倍液,90%敌百虫晶体1 000倍液,2.5%溴氰菊酯乳油2 500～3 000倍液。

(3)生物防治　酸枣尺蠖的主要天敌是寄生蝇和寄生蜂,寄生率较高,控制作用较好,应保护利用。也可在幼虫期喷每毫升含1亿孢子的苏云金杆菌,或喷青虫菌6号悬浮剂、B.t.乳剂800～1 000倍液,对幼虫有很好的防治效果。

(八)大窠蓑蛾

大窠蓑蛾又叫大蓑蛾、大袋蛾,属鳞翅目,蓑蛾科。在我国分布较为普遍,山东、河南、山西、江苏、浙江、福建、安徽、湖北、湖南、江西、广东、广西、贵州、四川、云南等省、自治区均有分布。寄主有栗、梨、桃、李、杏、苹果、柑橘、茶、咖啡、刺槐、重阳木等果树和林木 600 多种。

【为害状】

大窠蓑蛾以幼虫为害叶片。幼虫食量较大,将叶片食成缺刻或孔洞,严重时将叶片全部吃光。近几年曾在许多地区暴发。

【形态特征】

(1)成虫　雌雄异型。雌虫体长 25～27 毫米,无足,无翅,似蛆状。体柔软,乳白色。头小,黄褐色。前胸背板褐色。腹部大,末端尖细。胸部腹面和第七腹节周围有棕色毛丛。雄虫体长 15～18 毫米,翅展 26～35 毫米,体灰褐至黑褐色。触角羽状。体和足密生长毛。胸部色较深,背面有 3 条不明显的白色条纹。前翅狭长,近外缘处有 4～5 个长形透明斑。

(2)卵　椭圆形,长 0.8 毫米左右,淡黄色。

(3)幼虫　体长 25～35 毫米,黄褐至黑褐色。雄虫比雌虫显著小。头赤褐色(雌)或黄褐色,中央有白色"人"字形纹(雄)。胸部各节背板黄褐色,上有 4 条黑褐色纵条斑。3 对胸足发达,腹足不发达(插页 2 彩图)。

(4)蛹　雌虫蛹长 25～30 毫米,赤褐色至紫黑色,头、胸部附属器官均消失。雄虫蛹长 15～20 毫米,褐至深褐色,头、胸部附属器官均存在。

(5)蓑囊　呈纺锤形,长 40～60 毫米,丝质较松疏,附有少数大的碎叶,有时有少数枝梗,排列不整齐(插页 2 彩图)。

【发生规律和习性】

大窠蓑蛾 1 年 1～2 代。在河北、河南、陕西等省发生 1 代;在江西、江苏的少部分地区和广州发生 2 代。以老熟幼虫在挂于树枝上的蓑囊中越冬。翌年春季不取食而化蛹。在河南、陕西等北方1代地区,越冬幼虫5月上中旬化蛹。蛹期平均21天。成虫于5月下旬至7月中旬发生。雌虫羽化时虫体和蛹壳均留在蓑囊内,仅头、胸伸出蛹壳,散发性激素引诱雄虫交配。雄虫较雌虫羽化早,雌雄性比为1.4∶1。雄虫羽化后即可交尾,交尾时间多在13~20时。雄虫寿命2~9天,雌虫一般为13~26天。雌虫交尾后1~2小时即可产卵,卵产在蓑囊内。每雌可产卵数百到三千粒。卵期17~22天。6月中旬幼虫孵化,孵出后在蓑囊内停留2~7天,然后从蓑囊下口爬出,吐丝下垂,随风扩散至叶片上。幼虫吐丝连缀碎叶组成蓑囊,隐居其中,取食时头、胸伸出囊外,终生栖居囊内。蓑囊随虫体生长而扩大。9月份幼虫老熟,吐丝将蓑囊缠绕枝上,封闭囊口,调转身体越冬。

【防治方法】

(1)人工捕杀　在幼树园可人工摘除虫袋集中处理。

(2)生物防治　寄生和捕食大窠蓑蛾的天敌种类较多,主要有寄生蜂类、寄生蝇类、蜘蛛类和鸟类,有的种类寄生率达50%,应注意保护利用。也可在幼虫期喷洒生物农药青虫菌、B.t.乳剂800~1 000倍液,7天后幼虫死亡率达90%以上。

(3)药剂防治　在幼虫孵化后脱囊分散期,虫龄小、耐药力差,喷药防治效果较好。使用药剂有90%敌百虫晶体800倍液,80%敌敌畏乳油1 000~1 500倍液,30%桃小灵乳油2 500倍液,2.5%溴氰菊酯乳油3 000倍液。

(九) 白囊蓑蛾

白囊蓑蛾又叫白囊袋蛾,白蓑蛾等。属鳞翅目,蓑蛾科。分布于我国河北、河南、安徽、湖北、江西、浙江、福建等省。寄主有栗、梨、苹果、枇杷、柑橘、杨、柳、榆、栎等多种果树和林木。

【为害状】

白囊蓑蛾以幼虫食害叶片。将叶片食害成缺刻或孔洞,严重时将叶片吃光。还可啃食嫩枝表皮。

【形态特征】

(1)成虫　雌雄异型。雌成虫体长9～16毫米,黄白色至淡黄褐色,微带紫色,蛆状。足、翅均退化。头部较小。触角很小,突出。各胸节和腹部一、二节背面硬皮板略有光泽,其中央有褐色纵线;体腹面从前胸至第七腹节中央各有一紫色圆点;第三腹节以后各节生有淡褐色毛丛,以第七节较多,毛丛易脱落。腹部较肥大,尾端急剧细小似锥状。雄虫体长6～11毫米,翅展18～21毫米,淡褐色,密被白色长毛,尾端褐色,头部淡褐色,触角羽状暗褐色。翅白色透明。后翅基部有白色长毛。

(2)卵　椭圆形,长0.4～0.8毫米,淡黄色至鲜黄色。

(3)幼虫　体长25～30毫米,白色。头部橙黄色至褐色,具暗褐色至黑色云状斑纹;胸部背面硬皮板褐色。第八、九腹节背面具褐色大斑,臀板褐色。

(4)蛹　雌蛹体长12～16毫米,黄褐色,背面色较暗,尾端暗褐色;头、胸部附属器官均消失。各体节背面后缘有细刺列。雄蛹长11毫米左右,黄褐色,羽化前暗褐色。附属器官发达。第六、七腹节背面前缘具黑色刺列。

(5)蓑囊　呈长圆锥形,灰白色,丝质紧密,上有9条纵隆线,状似多角形,表面无枝叶附着(图7)。

【发生规律和习性】

白囊蓑蛾1年1代,以低龄幼虫在挂于枝干上的蓑囊内越冬。翌春寄主发芽展叶时,幼虫开始活动为害。幼虫于6月份开始老熟,在蓑囊内调转身体化蛹。蛹期15～20天。6月下

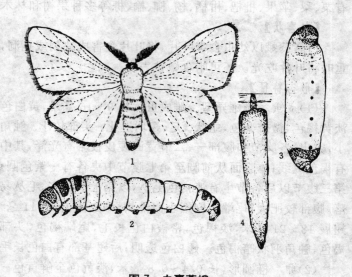

图7　白囊蓑蛾

1. 雄成虫　2. 幼虫　3. 雌成虫　4. 幼虫蓑囊

旬至 7 月成虫陆续羽化,雌虫在蓑囊内冲破蛹壳前端,头、胸部露于蛹壳外,散发性激素诱引雄虫前来交尾。雄虫羽化后蛹壳留于蓑囊内。交尾后的雌成虫在蓑囊内产卵。每头雌虫可产卵 1 000 粒左右。成虫寿命 2～3 天。卵期 12～13 天。幼虫孵化后爬出蓑囊,爬行或吐丝下垂分散,并于小枝叶上吐丝结蓑囊,常数头幼虫群居叶上取食叶肉,受害叶片斑斑点点,后呈枯斑。经一段时间取食后便转移到枝干上越冬。蓑囊随幼虫长大而扩大,幼虫终生在蓑囊内,移动时携囊而行,取食时头、胸伸出囊外,受惊时即缩入囊内。寄生幼虫的天敌有寄生蝇、姬蜂和白僵菌等。

【防治方法】

(1)人工防治　在果树生长季结合栗园管理,及时摘除虫囊。

(2)药剂防治　在幼虫为害期,往树上喷洒90%敌百虫晶体1000倍液,青虫菌6号悬浮剂1000倍液,2.5%溴氰菊酯乳油、20%速灭杀丁乳油2500～3000倍液。在傍晚和清晨幼虫活动为害时喷药效果较好。

(十)黄刺蛾

黄刺蛾属鳞翅目,刺蛾科。幼虫俗称"洋辣子",是果树上常见的多食性害虫。其分布较为普遍,我国除甘肃、青海和贵州等省以及宁夏、新疆、西藏等自治区目前尚无记录外,几乎遍布全国各省、自治区。寄主范围较广,果树中有栗、苹果、梨、枣、山楂、樱桃、桃、李、杏、石榴、柑橘、杧果等,林木中有杨、柳、榆、枫、桑等。幼虫体上有毒毛,人体皮肤接触后会发生红肿疼痛。

【为害状】

黄刺蛾以幼虫为害叶片。幼龄幼虫啃食叶肉,残留叶脉,呈网状;后期幼虫将叶食成缺刻,仅留叶柄和主脉,严重影响树势。

【形态特征】

(1)成虫　体长13～16毫米,翅展30～40毫米。体粗壮,鳞毛较厚。头、胸部黄色,复眼黑色;触角丝状,灰褐色。下唇须暗褐色,向上弯曲。前翅自顶角分别向后缘基部1/3处和臀角附近分出两条棕褐色细线;内侧线以内至翅基部黄褐色,并有两个深褐色斑点;外侧线黄褐色。后翅淡黄褐色,边缘色较深(插页2彩图)。

（2）卵 扁平，椭圆形，长约 1.5 毫米，表面具线纹。初产时黄白色，后变为黑褐色。常数十粒排列成不规则块状。

（3）幼虫 老熟幼虫体长约 25 毫米。头小，淡褐色。胸部肥大，黄绿色。身体略呈长方形，体背自前至后有一大型前后宽、中间窄的紫褐色斑，低龄幼虫的斑纹呈蓝绿色。每体节上有 4 个枝刺，并以胸部的 6 个和臀节上的 2 个特别大。胸足极小，腹足退化成吸盘状（插页 2 彩图）。

（4）蛹 椭圆形，粗而短，长约 12 毫米，黄褐色。

（5）茧 呈灰白色，表面光滑、坚硬，其上有几条长短不等或宽或窄的纵纹，外形极似鸟蛋（插页 3 彩图）。

【发生规律和习性】

黄刺蛾在东北、华北北部 1 年 1 代，在山东省 1 年 1～2 代，在河南、江苏、陕西、四川等地 1 年 2 代。以老熟幼虫在树上结茧越冬。1 代地区越冬幼虫 5 月中旬化蛹，蛹期 15 天左右，6 月中旬至 7 月中旬出现成虫。卵期 7～10 天。幼虫发生期为 6 月下旬至 8 月份，8 月中旬幼虫陆续老熟结茧越冬。2 代地区越冬幼虫在 5 月上旬开始化蛹，5 月下旬至 6 月上旬出现成虫，成虫发生盛期在 6 月中旬。成虫羽化后不久开始产卵。卵期 7 天。第一代幼虫发生期在 6 月中下旬至 7 月中旬，为害盛期在 7 月上旬。老熟幼虫在枝条上结茧化蛹，7 月下旬始见第一代成虫。卵期平均 4.5 天。第二代幼虫发生期在 7 月下旬至 8 月下旬，以 8 月上旬为害最重。8 月下旬老熟幼虫陆续结茧化蛹越冬。成虫夜间活动交尾，有趋光性。羽化后不久即交尾、产卵。卵多产在叶背，排列成块，偶有单产。初孵幼虫有群集性，多聚集在叶背啃食叶肉，稍大后逐渐分散为害。幼虫长大后食量大增，常将叶片吃光。

由于栗园用药较少，天敌种类与数量较为丰富，对控制黄刺蛾的发生有较大的作用。其主要天敌有上海青蜂（插页3彩图）、刺蛾广肩小蜂和寄生蝇。

【防治方法】

（1）摘除冬茧　在冬春季成虫羽化前，剪除枝条上的越冬茧。在幼虫发生期，剪除带有未分散幼虫的叶片，消灭幼虫。

（2）生物防治　将冬春季剪下的越冬茧集中起来，放在纱笼内，纱笼的孔径应小于刺蛾成虫体，而大于寄生蜂、寄生蝇，以保护和利用天敌消灭黄刺蛾。也可在幼虫发生期喷洒生物农药青虫菌6号悬浮剂1 000倍液。

（3）药剂防治　在大发生年份，于幼虫期往树上喷洒90%敌百虫晶体1 000倍液，50%辛硫磷乳油1 500倍液。为保护天敌，也可喷25%灭幼脲3号和25%苏脲1号胶悬剂1 000倍液。

（十一）褐边绿刺蛾

褐边绿刺蛾又叫青刺蛾，属鳞翅目，刺蛾科。在我国分布非常普遍，目前除内蒙古、宁夏、甘肃、青海、新疆和西藏无记录外，其余省、自治区均有分布。寄主范围较广，为害栗、梨、苹果、海棠、杏、桃、李、梅、樱桃、山楂、柑橘等多种果树和榆、白杨、柳、枫、桑、茶、梧桐等林木。幼虫体上的枝刺有毒，人体皮肤接触后会发生红肿疼痛。

【为害状】

褐边绿刺蛾以幼虫食害叶片。幼龄幼虫将叶片食害成筛网状，稍大后食害叶片成缺刻，严重时仅剩叶柄。

【形态特征】

（1）成虫　体长16毫米左右，翅展38～40毫米。雄虫触角栉齿状，雌虫丝状。头和胸背绿色，胸背中央有一条红褐色纵线。前翅绿色,基部有暗褐色大斑,外缘为灰黄色宽带,带内有暗褐色小点和细横纹,其内缘与绿色交界处为暗褐色波状曲线;后翅灰黄色(插页3彩图)。

(2)卵　椭圆形,扁平,长径2毫米左右,短径1.4毫米左右。初产时乳白色,渐变为黄绿色至淡黄色。数十粒排列成卵块。

(3)幼虫　老熟幼虫体长25～29毫米,体短粗,略呈长方形。初孵化时黄色,长大后变为绿色。头黄色,很小,常缩在前胸内。前胸盾片上有2个横列黑斑,腹部背线蓝色。胴部第二节至末节每节上有4个毛瘤,其上生一丛刚毛。第一腹节背面的一对毛瘤上各有3～6根红色刺毛,腹部末端的4个毛瘤上生有蓝黑色刚毛丛。腹面浅绿色。胸足较小,腹足退化,第一至第七腹节腹面中部各有一扁圆形吸盘(插页3彩图)。

(4)蛹　长约15毫米,椭圆形,肥大,淡黄色至黄色。

(5)茧　长约16毫米,椭圆形,坚硬,棕色或暗褐色,似羊粪状。

【发生规律和习性】

褐边绿刺蛾在东北、华北、渤海湾及西北地区1年1代,在河南省及长江下游1年2代,在江西省1年3代。均以老熟幼虫结茧在树干上或树下浅土层中越冬。在1代地区,越冬幼虫于5月中旬开始化蛹,成虫发生于6月上中旬至7月上中旬,幼虫在6月下旬开始孵化,8月份为害最重,8月下旬至9月下旬幼虫陆续老熟结茧越冬。在2代地区,越冬幼虫4月下旬开始化蛹,越冬代成虫发生于5月中下旬。第一代幼虫为害期在6～7月间,第一代成虫发生期在8月中下旬。第二代幼虫发生期在8月下旬至10月中旬。10月上旬老熟幼虫开始结茧越冬。成虫昼伏夜出,有趋光性。成虫羽化后不久便可交尾、产卵。卵多产在叶背,每雌可产卵150粒左右。卵期约7天。幼虫共8龄,少数9龄。1～3龄幼虫群栖叶背,4龄后逐渐分散。

【防治方法】

(1)人工捕杀 幼虫老熟后在树干上或树下表土层结茧时组织人员捕杀虫茧。或在幼虫下树期,往树下喷50%辛硫磷乳油300倍液,触杀老熟幼虫。

(2)药剂防治 幼虫大发生时往树上喷药。用药种类及浓度同黄刺蛾的防治方法。

(十二)栎毒蛾

栎毒蛾又叫苹果大毒蛾,属鳞翅目,毒蛾科。分布于我国辽宁、河北、山东、山西、河南、陕西、安徽、江苏、江西、浙江、湖北、湖南、四川、云南、福建、台湾等省。寄主有栗、栎、李、杏、苹果、梨、榉等树木。1988～1989年曾在河北省迁西县栗区大发生,造成严重危害。

【为害状】

栎毒蛾以幼虫食害芽、嫩叶和叶片。将叶片食成缺刻,重者吃光,影响板栗产量,甚至造成绝产。

【形态特征】

(1)成虫 雌雄异型。雌成虫体长30～35毫米,翅展85～95毫米。头、胸白色,下唇须粉红色,触角丝状,黑褐色。胸背中央有一黑点,两侧各有一粉红色点。腹部前半部粉红色,后半部白色。前翅白色,前缘和外缘粉红色;亚基线黑色,前方内缘有粉红色和黑色斑,内横线棕褐色,锯齿形,后缘微外斜;中横线棕褐色,波浪形,在前缘形成一个棕褐色半圆形环,在2A脉后内弯,与内横线接近;外横线锯齿形,前后缘清晰;亚端线锯齿形,止于 1A 脉;端线由一列脉间的棕褐色点组成;缘毛粉红色。后翅浅粉红色,横脉纹灰褐色。雄虫体长 20～24 毫米,翅展 45～52 毫米。头黑褐色。触角羽状,触角干浅褐色,栉齿褐色。下唇须浅橙黄色,外侧褐色。胸部橙黄色带黑褐色斑。腹部暗橙黄色,两侧微带红色,肛毛簇黄白色。前翅灰白色,斑纹黑褐色,翅脉白色,基线黑褐色,内横线在中部外弓,中室中央有一个圆斑;横脉纹黑褐色,新月形;亚端线为一列新月形斑,止于 1A 脉;端线为一列脉间小黑点组成。

(2)卵　球形,初产时乳白色,后渐变为褐色或灰褐色,其上覆白色绒毛。

(3)幼虫　体长 50～55 毫米,黑褐色带黄白色斑。头黄褐色带黑褐色圆点。背线在前胸部为白色,在其余各节为黑色。气门线黑色,气门下线灰白色。前胸背面两侧各有一个黑色大瘤,上生黑褐色长毛束。中、后胸中央有黄褐色纵纹,其余各节上的瘤黄褐色,上生黑褐色或黄褐色毛丛。胸、腹足赤褐色,外侧有黑色斑。翻缩腺红色(图 8)。

(4)蛹　长 28 毫米左右,灰褐色。头部有一对黑色短毛束,腹部背面有短毛束。茧较薄,杂有幼虫体毛。

【发生规律和习性】

栎毒蛾在东北、华北 1 年 1 代,以卵在树皮缝、伤疤、树干阴面等处越冬。翌年春季 5 月份越冬卵孵化。幼虫孵出后群集于卵壳附近取食,3 龄后分散取食为害。幼虫共 6 个龄期,历期 50～60 天。5 龄前各龄幼虫发育历期均为 6～7 天,6 龄期为 13 天。随龄期增大,取食量也在不断增加。7 月中下旬幼虫老熟后在杂草或枝叶间结茧化蛹。蛹期 12 天。7 月下旬至 8 月上旬成虫羽化。雌虫白天不活动,雄虫白天在树荫下飞舞。成虫有趋光性。雌蛾产卵于树干阴面,块产,每一卵块有

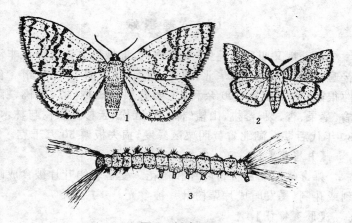

图 8　栎毒蛾

1. 雌成虫　2. 雄成虫　3. 幼虫

卵 300 多粒,最多可达 800 余粒,每头雌虫可产卵 500～1 000
粒。卵块外被雌蛾腹端的灰白色体毛。卵孵化率达 98%。

【防治方法】

(1)人工防治　春季越冬卵孵化前,组织人员刮除枝干上
的卵块,集中烧毁。

(2)药剂涂干　药剂涂干防治栎毒蛾适期为 5 月中旬,即
栗树雄花显现期。此期正是幼虫 1～2 龄期,对药剂较为敏感,
效果较好。涂干药剂为 40% 氧化乐果乳油或 50% 甲胺磷乳油
5 倍液,涂药后用塑料布包扎。该方法简便、经济,对天敌安
全。

(3)喷药防治　在幼虫盛发期往树上喷洒 25% 灭幼脲 3
号胶悬剂或 25% 苏脲 1 号胶悬剂 1 000～1 500 倍液,青虫菌
6 号悬浮剂 1 000 倍液,50% 对硫磷乳油 2 000 倍液,90% 敌百
虫晶体 1 500 倍液,对幼虫均有较好的防治效果。

(十三) 舞 毒 蛾

舞毒蛾又叫秋千毛虫,属鳞翅目,毒蛾科。该虫分布非常普遍,遍布我国东北、华北、西北、西南、华中的 19 个省市。食性很杂,寄主多达 500 余种,主要有栗、栎、柞、椴、核桃、柳、榆、苹果、杏、梨、樱桃、山楂、柿、桑、红松、云杉等果树与林木。80 年代后期在湖北省黄冈栗区暴发,损失板栗 50 万千克。

【为害状】

舞毒蛾以幼虫食害叶片和雄花。受害轻的叶片被食成缺刻或孔洞,暴发时成片栗树叶片被食光。

【形态特征】

(1)成虫　雌雄异型。雌虫体长 30 毫米左右,翅展 55～75 毫米;雄虫体长 20 毫米左右,翅展 40～55 毫米。雄虫体腹面棕黄色,头部棕黄色。触角双栉齿状,栉齿褐色。下唇须棕黄色,外侧褐色。胸部、腹部及足褐棕色。前翅浅黄色,有褐棕色鳞毛,前缘至后缘有黑褐色波状纹 4 条,中室中央有一个黑点。后翅黄棕色,横脉纹和外缘色暗。雌成虫体污白色,斑纹同雄虫,触角双栉齿状,但较雄虫细长,腹部肥大,腹末有黄褐色毛丛(插页 3 彩图)。

(2)卵　圆形,稍扁,长约 0.9 毫米。初产时灰白色,后变为褐色。卵块数百至上千粒堆积在一起,不规则,其上覆较厚的黄褐色绒毛。

(3)幼虫　体长 50～75 毫米。头黄褐色,正面有"八"字形黑纹。体为暗褐色,背线与亚背线黄褐色。体背毛瘤第一至第五节和第十二节为蓝色,第六至第十一节为橘红色,瘤上着生棕黑色短毛;体两侧毛瘤红色,较小。足黄褐色(插页 3,4 彩图)。

(4)蛹　体长 21～26 毫米,纺锤形,红褐色或黑褐色,各腹节背面有锈黄色毛。臀棘末端有钩状突起(插页 4 彩图)。

【发生规律和习性】

舞毒蛾在我国各地 1 年 1 代,以卵在树干背面、梯田壁、石块及缝隙等处越冬。越冬卵在东北于 5 月中旬孵化,在长江流域孵化期为 5 月上旬。气温低时初孵化幼虫先群集在原卵块上,气温转暖即上芽为害。幼虫历期约 45 天,共 6～7 龄,群集性强。1 龄幼虫日夜生活在树上,夜间取食,可吐丝下垂,借风传播。自 2 龄以后有昼夜上下树转移习性,一般早晨从树上爬下来潜伏在树皮缝、枯枝落叶等处,傍晚时又上树取食。至 6 月中下旬幼虫老熟后爬至树皮、石缝、落叶中结茧化蛹。蛹期 10～14 天。成虫在 6 月下旬至 7 月中下旬发生,羽化盛期在 6 月下旬。雄虫活跃,飞翔力强;雌虫体肥大,飞翔力差。有较强的趋光性。成虫多把卵产在枝干阴面或下面。每雌可产卵 400～1 200 粒。

舞毒蛾食性复杂,寄主范围广,猖獗暴发有一定周期性,大约每 8 年为一大发生周期。在阴坡栗园、山地栗园、近林区栗园及管理粗放栗园发生较重。已知控制舞毒蛾发生的天敌有近 200 种,常见的有喜马拉雅聚瘤姬蜂、舞毒蛾黑瘤姬蜂、舞毒蛾卵平腹小蜂、绒茧蜂、寄生蝇及核多角体病毒等。这些天敌对控制舞毒蛾的暴发有重要作用。

【防治方法】

(1)人工防治　舞毒蛾越冬卵极易发现,在春季幼虫孵化前刮除虫卵。

(2)诱杀幼虫　利用幼虫的上下树习性,在树干基部堆石块,诱集幼虫,并在石块上喷 50% 辛硫磷乳油 300 倍液,可杀死幼虫。

（3）药剂涂干　在5月中旬栗树雄花显现期,刮除老皮,然后涂40%氧化乐果乳油或50%甲胺磷乳油5倍液,涂药后包上塑料膜。该方法经济、简便、易行,且对天敌十分安全,还可兼治其他害虫。

（4）药剂防治　在幼虫发生期,为保护天敌,可往树上喷青虫菌6号悬浮剂、B.t.乳剂500~1 000倍液,或25%灭幼脲3号胶悬剂、苏脲1号胶悬剂1 000倍液,对幼虫防治效果可达90%以上,且对天敌无伤害。也可喷洒2.5%溴氰菊酯乳油3 000倍液,20%速灭杀丁乳油2 500倍液。

（5）加强管理　生长季清除栗园杂草,加强土、肥、水管理,可增强树势,减轻幼虫为害。

（十四）盗 毒 蛾

盗毒蛾又叫金毛虫、桑褐斑毒蛾,属鳞翅目,毒蛾科。在我国分布较为普遍,黑龙江、吉林、辽宁、内蒙古、河北、山西、山东、陕西、河南、安徽、江苏、浙江、江西、湖北、湖南、福建、台湾、广东、广西、四川、甘肃、青海等省、自治区均有发生。寄主有栗、樱桃、杏、桃、李、梨、苹果、山楂、栎、杨、桦、白桦、桤木、桑等多种果树和林木。

【为害状】

盗毒蛾以幼虫为害叶片和幼芽。受害叶片被食成残缺不全的缺刻,甚至全叶被食光。

【形态特征】

（1）成虫　体长14~15毫米,翅展雄蛾30~40毫米,雌蛾35~45毫米。体白色,头、胸、腹部基部微带黄色。触角双栉齿状,触角干白色,栉齿棕黄色。下唇须白色,外侧黑褐色。前翅和后翅白色,前翅后缘有两个褐色斑,有的个体内侧的褐色斑不明显,前翅前缘黑褐色(插页5彩图)。

（2）卵　球形,直径 0.6～0.7 毫米,中央凹陷,淡黄色或橘黄色。数十粒排成卵块,表面覆有雌虫体未脱落的黄色毛。

（3）幼虫　老熟幼虫体长 25～40 毫米,头部褐黑色,有光泽。体黑褐色。前胸背板黄色,上有两条黑色纵条;体背面有一条橙黄色带,在第一、二节和第八腹节处中断。前胸背面两侧各有一个向前突出的红色瘤,瘤上生黑色长毛束和白色短毛,其余各节背瘤黑色。腹部第一、二节背面各有一对愈合的黑色瘤(插页4彩图)。

（4）蛹　长圆筒形,长 12～16 毫米,黄褐色。腹部背面第一至第三节各有 4 个瘤,横列(插页5彩图)。

（5）茧　椭圆形,淡褐色,茧外被少量黑色长毛。

【发生规律和习性】

盗毒蛾的年世代数因地区而异,我国由北至南的发生世代数逐渐增多。在内蒙古 1 年 1 代,辽宁、河北、山东、山西和陕西省 1 年 2 代,河南、江西、江苏和浙江省 1 年 3～4 代,广东省 1 年可完成 6 代。盗毒蛾在各地以 3～4 龄幼虫在茧内越冬,其越冬场所主要是树皮缝隙中或枯枝落叶层内。在华北 2 代地区,越冬幼虫 4 月末开始出蛰为害,取食栗树的嫩芽和嫩叶,至 6 月上中旬幼虫老熟,在枝干缝隙或枝叶间缀叶结茧化蛹。6 月下旬出现成虫。成虫昼伏夜出,有趋光性,羽化后不久即交尾、产卵。卵多产在枝干上或叶片背面,每块有卵 100～600 粒,其表面被黄毛。卵期 7～10 天。幼虫孵化后聚在叶片上取食叶肉,2 龄后开始分散为害。7 月下旬至 8 月上旬第二代成虫羽化。第二代幼虫为害至 10 月初,爬到树皮下、枝干缝隙、枯枝落叶层中结茧越冬。已知盗毒蛾的自然天敌有 24 种之多,主要是小茧蜂和寄生蝇。

【防治方法】

(1)人工防治　春季越冬幼虫出蛰前,刮树皮,清扫栗园枯枝落叶,集中烧毁或深埋树下,可以有效地减少越冬虫源。在卵发生期,人工采摘卵块和初孵幼虫。

(2)药剂防治　幼虫发生期往树上喷洒25%灭幼脲3号胶悬剂或青虫菌6号悬浮剂1 000倍液,50%辛硫磷乳油1 500倍液,2.5%溴氰菊酯乳油3 000倍液。

(十五)黄褐天幕毛虫

黄褐天幕毛虫又叫天幕毛虫,属鳞翅目,枯叶蛾科。分布于我国辽宁、河北、河南、山东、山西、湖北、江苏、浙江等省。寄主有苹果、梨、桃、李、杏、樱桃、栗、梅等果树和杨、柳等林木。

【为害状】

幼龄幼虫群集为害,吐丝结网。被害叶最初呈网状,随幼虫食量的增大,被害叶出现缺刻,严重时只剩叶脉或叶柄。

【形态特征】

(1)成虫　雌雄差异很大。雌虫体长18～20毫米,翅展约40毫米,黄褐色。触角锯齿状。前翅中央有一条赤褐色斜宽带,两边各有一条米黄色的细线。雄虫体长约17毫米,翅展32毫米,黄白色。触角双栉齿状。前翅有两条紫褐色斜线,其间色泽比翅基和翅端的暗淡(插页6彩图)。

(2)卵　圆柱形,灰白色,高约1.3毫米。每200～300粒紧密粘结在一起,环绕在小枝上,如"顶针"状(插页5彩图)。

(3)幼虫　低龄幼虫头和身体均为黑色,4龄以后头部呈蓝黑色。老熟幼虫体长50～60毫米,背线黄白色,两侧有橙黄色和黑色相间的条纹,各节背面有数个黑色毛瘤,其上生有许多黄白色长毛。腹面暗灰色(插页5彩图)。

（4）蛹　　初期为黄褐色，后期变为黑褐色，体长 17～20 毫米。化蛹于黄白色丝质茧中（插页 6 彩图）。

【发生规律和习性】

黄褐天幕毛虫 1 年 1 代，以完成胚胎发育的幼虫在卵壳内越冬。翌年果树发芽后幼虫从卵壳里爬出，出壳期比较整齐，大部分集中在 3～5 天内。出壳后的幼虫在卵块附近的嫩叶上为害。在辽宁西部地区，幼虫于 5 月上中旬转移到小枝分杈处吐丝结网，白天潜伏在网中，夜间出来取食。随着幼虫的生长，逐渐离开网幕，分散为害。离开网幕的幼虫遇振动即吐丝下坠。这时的幼虫食量较大，常将叶片吃光。幼虫约在 5 月底老熟，多在叶背或树干附近的杂草上结茧化蛹，也有在树皮缝隙、墙角、屋檐下吐丝结茧化蛹的。蛹期 12 天左右。成虫发生盛期在 6 月中旬。成虫羽化后即可交尾、产卵，卵多产于当年生枝条上。成虫昼伏夜出，有趋光性。

黄褐天幕毛虫的寄生性天敌主要有寄生蜂和寄生蝇，以寄生于卵的黑卵蜂寄生率较高。此外，多种鸟类亦是其捕食性天敌，应加以保护。

【防治方法】

（1）人工防治　　①在果树冬剪时剪掉枝条上的卵块，集中烧掉。②春季幼虫在树上结网时及时捕杀。

（2）药剂防治　　防治的关键时期是幼虫出壳后和分散为害以前。常用药剂有：90% 敌百虫晶体 1 000 倍液，50% 辛硫磷乳油 1 000 倍液，50% 杀螟松乳油 1 000 倍液，50% 对硫磷乳油 2 000 倍液。

（十六）栗黄枯叶蛾

栗黄枯叶蛾又叫栎黄枯叶蛾，属鳞翅目，枯叶蛾科。分布于我国河北、河南、山西、陕西、江苏、浙江、江西、甘肃、四川、云南、福建、台湾等省。寄主有栗、栎类、苹果、海棠、石榴、核桃、咖啡等树种。

【为害状】

栗黄枯叶蛾以幼虫为害叶片。低龄幼虫取食叶肉，残留表皮，稍大后将叶片食成缺刻或孔洞，大发生时常将叶片食光，残留叶柄，影响树势与果实产量。

【形态特征】

(1)成虫　雌雄异型。雌蛾体长25～38毫米，翅展60～95毫米。头黄褐色，触角双栉状，较短。胸部背面黄色，腹面黄褐色。前、后翅黄绿色微带褐色，外缘线黄色波状，缘毛黑褐色。前翅近三角形，内线黑褐色隐约可见；外线绿色波状；端线波状，由2～9个黑褐色斑纹组成，近中室端有一近三角形的黑褐色斑；后缘自基部至亚端线间有一个黄褐至暗褐色大斑。腹部粗大褐色。雄蛾体长22～27毫米，翅展45～62毫米。全体黄绿至绿色。触角双栉状，较发达，栉齿较雌虫长。中、后胸和腹部微带黄白色。前、后翅绿色，外缘线和缘毛黄白色。前翅内线与外线深绿色，内侧嵌有白色条纹；亚端线波状黑褐色；近中室端有一黑褐色点。后翅后缘近基部黄白色；内线深绿色，外线黑褐色波状。足褐色(插页6彩图)。

(2)卵　椭圆形，长径0.30～0.35毫米，短径0.22～0.28毫米，灰白色。常数十粒排成两行，粘有稀疏黑褐色鳞毛。

(3)幼虫　体长65～84毫米，黄褐色。体上密生深黄色(雌虫)或灰白色(雄虫)长毛，头部有不规则的深褐色斑纹。前胸盾中部有黑褐色"X"形线，前胸前缘两侧各有一较大的黑色瘤突，其上生一束黑色长毛。中胸以后各体节亚背线、气门上下线和基线处各有一较小的黑色瘤突,上生一簇刚毛,亚背线和气门上线之瘤为黑毛,余者均为黄白色毛(图9)。

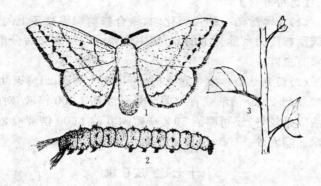

图9 栗黄枯叶蛾

1. 雌成虫 2. 幼虫 3. 为害状

（4）蛹　蛹长28～32毫米,赤褐至黑褐色,腹部钝圆,密生钩状毛。

（5）茧　长40～75毫米,略呈马鞍形,黄色或灰黄色,杂有幼虫体毛。

【发生规律和习性】

栗黄枯叶蛾在我国河南、陕西及其以北地区1年1代,以卵在枝条和树干上越冬。春季栗树发芽后越冬卵开始孵化。初孵幼虫群集叶背取食叶肉,受惊时即吐丝下垂,2龄后便分散为害。幼虫共7龄,发育历期80～90天。7月份幼虫老熟,在枝干上结茧化蛹。蛹期15天左右。7月下旬到8月上旬出现成虫。成虫羽化后白天静伏,夜间活动,有趋光性,多在傍晚时交尾、产卵。卵产在枝条和树干上。每雌可产卵200～300粒,数十粒排成两行。该虫在我国南方地区1年2代,第一代成虫

发生期在 4~5 月份,第二代发生期在 6~9 月。在海南省 1 年
5 代,无越冬现象。

【防治方法】

(1)人工防治 幼虫孵化前,结合修剪剪除枝条上的越冬
卵或刮树皮时刮除树上的卵,集中烧毁。幼虫孵化后分散前,
摘除有虫叶片。

(2)药剂防治 发生量大时,可往树上喷洒 25% 灭幼脲 3
号胶悬剂 1 500 倍液或青虫菌 6 号悬浮剂 1 000 倍液,对幼虫
防治效果较好。还可喷洒 50% 辛硫磷乳油 1 500 倍液或 2.5%
溴氰菊酯乳油 2 500~3 000 倍液。

(十七)细皮夜蛾

细皮夜蛾,属鳞翅目,夜蛾科。分布于我国湖北、江苏、浙
江、福建、广东和四川等省。寄主有板栗、梨、番石榴、大叶紫
薇、杧果、枇杷等植物。

【为害状】

细皮夜蛾以幼虫为害叶片。1~4 龄幼虫取食叶背表皮层
及叶肉,5 龄幼虫将叶片食成缺刻、孔洞或食光全叶肉组织,
仅剩叶脉。

【形态特征】

(1)成虫 雄虫体长 8~9 毫米,翅展 20~22 毫米;雌虫
体长 9~11 毫米,翅展 24~26 毫米。前翅灰棕色,中央有一螺
形圈纹,圈中有 3 个较明显的鳞片突起,近中央的一个呈灰白
色,其余两个棕色。近臀角处亦有 3 个明显的棕色鳞片小突
起。后翅灰白色。

(2)卵 孢子形,直径和长分别约为 0.25 毫米,淡黄色。
顶部中央有小圆形凹陷。

（3）幼虫　老熟幼虫体长14～22毫米，黄色。腹部第二至六节侧面各有一黑点，至后期各成为两黑点；腹部侧面有两条灰色纵纹。

（4）蛹　椭圆形，长8.5～11毫米，米黄色。腹部正面第六节、背面第九节各有一列纵行脊突。

（5）茧　长15～20毫米，椭圆形。

【发生规律和习性】

细皮夜蛾在广州1年7～8代，终年发生，以4～10月份发生量最大。成虫夜晚活动，产卵。卵块产，每块30～100粒，产于叶面。卵期6～10天。孵化率一般为88%左右。幼虫群集性很强，除末龄幼虫稍有分散外，同一卵块孵化的幼虫始终群集取食。幼虫5龄。各龄期幼虫体长分别为：1龄1.2～2.5毫米，2龄3.5～5.5毫米，3龄5～12毫米，4龄10～22毫米，5龄14～22毫米。幼虫期13.5～19.0天。在日平均气温为26℃条件下，1～4龄幼虫发育历期均为3天，5龄为3.5～4.5天。1～4龄幼虫仅取食叶背表皮层及叶肉，5龄幼虫则将叶片食成孔洞、缺刻，或将叶肉食光，只剩叶脉。幼虫老熟后在地表或树干基部结茧化蛹。蛹期8.0～12.5天。成虫寿命10余天，产卵前期一般为4～5天。完成一代需34.5～45.0天。

【防治方法】

（1）人工防治　一般轻度发生的栗园，利用幼虫群集为害的习性，在幼虫发生期剪除有虫枝叶，集中处理。

（2）药剂防治　发生重的栗园，在幼虫发生期往树上喷洒20%速灭杀丁乳油或2.5%溴氰菊酯乳油4 000倍液，90%敌百虫晶体2 000倍液，80%敌敌畏乳油2 500倍液，杀虫效果在90%以上。

(十八) 毛翅夜蛾

毛翅夜蛾又叫木夜蛾、木槿夜蛾。分布于我国辽宁、黑龙江、河北、河南、山西、山东、安徽、湖北、浙江、江西、陕西、四川、贵州等省。寄主有苹果、梨、桃、李、粟等果树。

【为害状】

幼虫将叶片食成孔洞或缺刻,严重时将叶片食光,只剩叶柄。成虫用其锐利的口器刺吸成熟的苹果、梨等果实。

【形态特征】

(1)成虫 体长35～45毫米,翅展90～106毫米。头、胸部赤褐色至黄褐色,胸部腹面土红色。腹部背中央褐色至暗灰褐色。复眼大,球形,暗灰褐色。触角丝状。下唇须向上弯曲,超过头顶。前翅灰黄色至褐色,内、外线和亚端线棕褐色。前翅基部约1/3处靠前缘有一个小黑斑,中室端部有一个肾形纹。后翅基部2/3为黑色,其余为土红色,黑色区域中段有一弯钩形浅蓝色纹,翅内缘有一列长毛(插页6,7彩图)。

(2)幼虫 体长71～80毫米,头、尾略细。头部黄褐色,中央有一个浅黄色"八"字形纹。体茶褐色,与树皮色相似,第五腹节背面有一个眼形斑,第八腹节背面有两个肉瘤状突起。胸足和臀足发达(插页7彩图)。

(3)蛹 体长36～40毫米,初期为黄褐色,渐变为黑褐色,体表被少量白粉(插页7彩图)。

【发生规律和习性】

毛翅夜蛾在我国北方1年2代。5～7月份为幼虫发生期。幼虫白天栖息在枝条上。身体伸直紧贴枝条,不易被发现,夜晚取食。老熟幼虫吐丝连缀叶片结网状茧化蛹,可透见蛹体。成虫发生期在7～8月份。成虫昼伏夜出,有趋光性,吸食果汁。

【防治方法】

在幼虫发生期喷布敌敌畏、敌百虫、乐果、辛硫磷、杀螟松等常用有机磷农药,有较好的防治效果。虫口密度小时,可在防治其他害虫时兼治,不必专门喷药。

(十九) 绿尾大蚕蛾

绿尾大蚕蛾又叫燕尾水青蛾、大水青蛾,属鳞翅目,大蚕蛾科。分布于我国辽宁、北京、河北、山东、山西、河南、安徽、江苏、浙江、湖北、江西、陕西、广东、广西、福建、台湾等省、市、自治区。寄主有板栗、苹果、梨、樱桃、杏以及杨、柳等果树和林木。

【为害状】

绿尾大蚕蛾以幼虫为害叶片。幼龄幼虫将叶片食成孔洞或缺刻;大龄幼虫食量较大,将叶片食成较大的缺刻或食光,只剩下叶柄。1头幼虫可食 100 多片叶。

【形态特征】

(1)成虫 体长 32～38 毫米,翅展 90～150 毫米,豆绿色,被白色絮状鳞毛。触角羽状,黄褐色。头、胸部及肩板基部前缘有一条紫色横纹。翅粉绿色,基部有白色绒毛。前翅前缘暗紫色,杂有白色鳞毛,外缘黄褐色,外横线黄褐色不太明显。前后翅中央均有一块较大的眼斑,中间有一长条透明带。后翅臀角尾状突出,长达 40 毫米左右(插页 7 彩图)。

(2)卵 扁圆形,直径约 2 毫米,初产时绿色,后渐变为褐色(插页 7 彩图)。

(3)幼虫 体长 80～100 毫米。幼龄幼虫淡红褐色,长大后变为绿色。体粗壮,体节近似六角形,每节有 4～8 个绿色至橙黄色毛瘤,上生数根褐色短刺和白色刚毛,毛瘤以中、后胸背面的 4 个和第八节背面的 1 个较大(插页 8 彩图)。

(4)蛹　蛹长 40～45 毫米,初为赤褐色,后变为黑褐色,额区有一块浅色斑(插页 7 彩图)。

(5)茧　椭圆形,灰色至黄褐色,丝质粗糙(插页 7 彩图)。

【发生规律和习性】

绿尾大蚕蛾在我国不同地区年发生世代数不尽相同,在河北、山东、河南、山西、陕西等省 1 年 2 代;在江西省 1 年 3 代;在广东、广西、云南等省、自治区 1 年 4 代。以蛹越冬。在北方 2 代地区,越冬蛹于 5 月份羽化为成虫。第一代幼虫发生期在 5 月下旬至 8 月上旬,幼虫老熟后在枝上贴叶结茧化蛹。7～8 月间发生第二代成虫。第二代幼虫于 7 月下旬始见,为害至 8 月下旬幼虫陆续老熟,爬到枝干及其他植物或杂草上结茧化蛹,至 10 月上中旬基本全部化蛹进入越冬状态。年发生 3 代地区,成虫发生期为 5 月、7 月和 9 月份。成虫昼伏夜出,有趋光性。雌虫腹部较大,飞行能力较差。产卵于枝干或叶片上,呈堆状或数十粒排在一起。每雌可产卵 200～300 粒。初孵幼虫常群集取食,至 3 龄后分散为害。幼虫食量大,1 头幼虫可食 100 多片叶,逐叶逐枝取食,仅残留叶柄。

【防治方法】

(1)清园　冬季或春季清除栗园的枯枝落叶、杂草,以消灭越冬蛹,减少越冬蛹的基数。

(2)人工防治　在栗树生长季、幼虫群集为害阶段,摘除有虫枝条和叶片,集中杀死幼虫。

(3)药剂防治　在幼虫期,特别是 3 龄前群集为害阶段,喷药防治效果较好。常用药剂有 90％敌百虫晶体 800 倍液,30％桃小灵乳油 2 500 倍液,2.5％溴氰菊酯乳油 2 500～

3 000倍液。为保护自然天敌,使用药剂时最好选用选择性较强的农药,如青虫菌、25%灭幼脲3号胶悬剂(1 000倍液)等。

(二十) 栗六点天蛾

栗六点天蛾又叫栗天蛾,属鳞翅目,天蛾科。分布于我国东北地区及河北、北京、山东、湖北、湖南、江西、广东、广西、江苏、浙江、福建、台湾等省、市、自治区。寄主有栗、栎、楮树、核桃、枇杷等树种。

【为害状】

栗六点天蛾以幼虫为害。幼虫将栗树叶片食成孔洞或缺刻,稍大后常将叶片食光,残留粗脉和叶柄。

【形态特征】

(1)成虫 体长40～46毫米,翅展90～125毫米。体翅淡褐色。从头顶至尾端有一条暗褐色背线。前翅基部色稍深,呈棕褐色。翅中部有一条淡色宽带,宽带两侧各有4条褐至暗褐色横线,近中室有一不明显的新月形暗色纹;后缘近臀角处色较浓,其前方有一块褐色圆斑。后翅暗褐色,臀角处有两个褐色圆斑。

(2)卵 椭圆形,略扁,长约3毫米,淡黄色。

(3)幼虫 体长80～90毫米。头部顶端尖,呈三角形,青绿色,上布白色小点,两侧各有一条白色纵纹。口器淡紫色。胴部黄绿色,密布白色小点;腹面紫红色,腹线黄色,第一至第七腹节两侧各有一条从前下侧向后上方斜伸的黄色斜线,各线多跨两个腹节。第七条止于尾角。第八腹节背面中央有一尾角,尾角上有白色粒状小点(图10)。

(4)蛹 蛹长50毫米左右,浓褐色,臀刺锥状。

【发生规律和习性】

栗六点天蛾1年2代,以蛹在浅土层由丝和土粒混合结

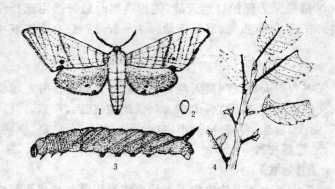

图 10　栗六点天蛾

1. 成虫　2. 卵　3. 幼虫　4. 为害状

成的茧中越冬。成虫发生期为 6～8 月间。成虫昼伏夜出,夜间在花丛间飞舞并吸食花蜜,有趋光性。交尾时间大多在午夜。成虫寿命平均 22 天。卵产于枝干上,以枝杈下部较多,散产或数粒产在一起。幼虫孵化后取食叶肉,食量随龄期增加而增大。大龄幼虫将叶片吃光,老熟幼虫入土结茧化蛹,以树冠下疏松的表土层较多。

【防治方法】

(1)诱杀幼虫　幼虫入土化蛹前,中耕树干周围,诱集幼虫入土化蛹,而后挖蛹集中消灭。或在幼虫入土前往地面喷洒 50%辛硫磷乳油 300 倍液或 40.7%乐斯本乳油 600 倍液,触杀入土幼虫。

(2)药剂防治　在幼虫发生期,往树上喷洒 90%敌百虫晶体 1 500 倍液或 20%速灭杀丁乳油 2 500 倍液。为保护天敌,尽量选用 25%灭幼脲 3 号胶悬剂或青虫菌 6 号悬浮剂,喷洒浓度为 1 000 倍液。

（二十一）银杏大蚕蛾

银杏大蚕蛾又叫栗叶天蚕蛾,属鳞翅目,大蚕蛾科。分布于我国东北、华北地区及河南、浙江、广西、云南、四川、台湾等地。寄主有栗、苹果、梨、杏、桃、李、核桃、榛、银杏、白杨、榆等果树和林木。该虫1977年曾在辽宁宽甸县大发生,1500余亩栗园严重受害,有的栗树叶片全被食光。

【为害状】

银杏大蚕蛾以幼虫食害叶片。初龄幼虫将叶片食成缺刻或孔洞,稍大后常将叶片食光,残留叶柄,不仅造成栗树当年减产,还可影响下年产量。

【形态特征】

(1)成虫 体长30～35毫米,翅展105～135毫米。雄蛾触角羽毛状,雌蛾栉齿状。体色灰褐色至紫褐色。前翅内横线紫褐色,外横线暗褐色,两线近后缘处相连,中间有较宽的淡色区,中室端部有月牙形透明斑,翅反面可见眼球形纹,周围有白色及暗褐色轮纹。顶角向前缘处有黑色斑,后角有白色月牙形斑。后翅中室有一块大眼斑,中心黑色,外有一个灰橙色圆圈及两条银白色线。前后翅亚缘线由两条赤褐色波浪纹组成。

(2)卵 椭圆形,长2.2毫米,灰白色至淡绿色,下部暗褐色,上部有暗褐色圆斑。

(3)幼虫 体长100毫米左右,全体银灰色微带黄绿色,体腹面褐色至黑色,腹线白色。各体节密生白色长毛,杂有黑色毛。气门下线黄白色,其上有不规则黑褐色线纹。气门淡绿色,周围淡褐色(图11)。

(4)蛹 长35毫米左右,黄褐至深褐色。

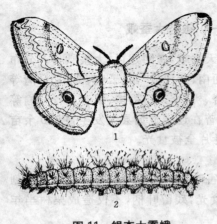

（5）茧 长椭圆形，长 50～57 毫米，暗褐色，粗糙，网状。

【发生规律和习性】银杏大蚕蛾 1 年 1 代，以卵在枝干上越冬。在辽宁越冬卵于 5 月中旬开始孵化，下旬为孵化盛期，6 月上旬孵化结束。幼虫孵化时如遇雨和天气变冷，幼虫虽已孵化，但出壳速度减慢，时间推迟。幼虫孵化后先群栖树干上，以后分散取食。幼虫共 7 龄，发育历期 60～70 天。幼虫老熟后在枝条上缀叶或爬到树冠下的杂草、灌木上结茧化蛹。化蛹盛期在 7 月下旬至 8 月上旬。8 月中旬成虫开始羽化，9 月上旬为羽化高峰期。成虫飞翔力差，昼伏夜出，有趋光性。羽化后不久即可交尾、产卵。卵多产于树干下部皮缝内或分枝处。30～50 粒卵为一块，直立排列，也有双层重叠者。每头雌虫可产卵 141～343 粒。

图 11 银杏大蚕蛾

1. 成虫 2. 幼虫

【防治方法】

（1）人工防治 冬春季结合清园工作，刮除枝干上 的越冬卵，集中处理。在 8～9 月间幼虫结茧化蛹期，人工摘除越冬茧。

（2）药剂防治 在幼虫发生期，往树上喷洒 2.5％溴氰菊酯乳油 2 500 倍液或 90％敌百虫晶体、80％敌敌畏乳油 1 000 倍液，还可喷 25％灭幼脲 3 号胶悬剂 1 500 倍液，或青虫菌 6

号悬浮剂 1 000 倍液。

（二十二）淡娇异蝽

淡娇异蝽属半翅目,异蝽科。分布于我国河南省的信阳、新县、罗山等县及安徽省的金寨县。主要为害板栗和茅栗。1979～1980 年在河南省信阳县栗区大发生,千余亩幼树受害死亡。1984 年之后在安徽省金寨栗区猖獗为害,发生严重地区 6～15 年生树有虫株率达 100%,平均种群密度达 7 785 头/株,最高达 13 920 头/株,受害栗树枯焦死亡。该县梅山镇 40 余亩当年嫁接栗园,被害死亡株率达 71.4%;1985 年船冲乡一盛果期栗园 382 株全部受害死亡;1986 年竹畈乡 347 亩盛果期板栗园受害死亡 7 287 株,当年绝收。至 1987 年该虫在金寨 20 多个乡镇约 15 万亩板栗园发生,并成为毁灭性害虫。

【为害状】

淡娇异蝽以若虫和成虫刺吸栗树汁液。栗树萌芽后若虫刺吸嫩芽、幼叶,被害处最初出现褐色小点,随后变黄,顶芽皱缩、枯萎。展叶后被害叶皱缩变黄,严重时焦枯。受害重的枝梢 7 月间枯死,树冠呈现焦枯,幼树当年死亡。

【形态特征】

（1）成虫　雄虫体长 8.9～10.1 毫米,宽 4.2 毫米左右。雌虫体长 10.0～12.5 毫米,宽 5.3 毫米,草绿至黄绿色。头、前胸背板侧缘及革片前缘米黄色。触角 5 节,第一节赭色,外侧有一褐色纵纹,其余各节浅赭色,第三至第五节端部褐色。触角基部外侧有一眼状黑色斑点。前胸背板、小盾片内域小刻点天蓝色,前胸背板后侧角有一对黑色小斑点或沿缘脉具不规则天蓝色斑纹,革片外缘有一条连续或中间中断的黑色条纹。膜质部分无色透明。

（2）卵　长 0.9～1.2 毫米，宽 0.6～0.9 毫米，浅绿色，近孵化时变为黄绿色。卵块长条状，单层双行，排列整齐，上有较厚的乳白色胶质保护物。

（3）若虫　若虫 5 龄。初孵若虫近无色透明，老龄若虫草绿至黄绿色。1～5 龄若虫体长分别为：1 龄 1.3～1.5 毫米，2龄 2.0～2.3 毫米，3 龄 2.6～3.0 毫米，4 龄 5.2～6.0 毫米，5龄 6～9 毫米。5 龄若虫翅芽发达，小盾片分化明显，前胸和翅芽背面边缘有一黑色条纹，前胸腹面有一条黑色条纹伸达中胸。

【发生规律和习性】

淡娇异蝽在我国河南、安徽省栗产区 1 年 1 代，以卵在落叶内越冬，少数在树皮缝、杂草或树干基部越冬。翌年 2 月底3 月初越冬卵开始孵化，3 月中旬为孵化盛期。若虫蜕皮 5 次。5 月中旬出现成虫，5 月下旬至 6 月上旬为羽化盛期，成虫于9 月下旬开始交尾产卵，至 11 月下旬结束。

越冬卵孵化后，初孵若虫和 2 龄若虫先群居卵壳上取食卵块上的胶状物，不具有危害性。3 龄若虫较为活泼，在栗树嫩芽初绽时，群居芽及嫩叶上吸取汁液。若虫发育历期 34～61 天，1 龄若虫历期最短仅 1～3.5 小时，2 龄历期 1.0～4.5天，3 龄 8～33 天，4 龄 10～41 天，5 龄 15～46 天。成虫多在白天羽化。成虫极为活泼，但飞翔力不强，白天静伏栗叶背面，16 时以后开始活动。多取食叶背面叶脉边缘和 1～3 年生枝条皮孔周缘及芽，18～22 时活动量渐小，22 时以后又处于静伏状态，但口针仍刺入栗树组织内不动，至次日 6～7 时。成虫历期 145～213 天。经过长达 5 个多月的补充营养后，才交尾产卵。雌雄成虫一生仅交尾 1 次。交尾结束后，雄虫 2～7 小时后即死亡;雌虫当天便可产卵,8~10天后死亡。成虫产卵于落叶内,卵块呈条状。每头雌虫产卵1~3块,每块有卵10~59粒,每头雌虫产卵量为39~131粒,平均78粒。卵期102~135天,其自然孵化率达98.5%。

淡娇异蝽的发生及为害程度与栗园管理水平有密切关系。凡栗园树冠下杂草丛生、植被茂密、落叶覆盖较厚,越冬卵量就大,而且若虫孵化率高,为害较重;相反,管理好,栗园杂草落叶少,为害就比较轻。

【防治方法】

(1)清园　在入冬后至2月下旬之前,彻底清除栗园杂草、落叶,集中烧毁或埋于树冠下,以消灭越冬卵,降低越冬卵基数。

(2)药剂防治　发生严重的栗园,在3月下旬至4月上旬若虫孵化高峰期,进行树上喷药防治。使用药剂有40%氧化乐果乳油1500~2000倍液,防治效果达97%以上;在成虫发生期,喷80%敌敌畏乳油1500倍液,若虫和成虫死亡率达85.7%,喷20%速灭杀丁乳油1000倍液,杀虫率达95.8%。

(二十三)褐角肩网蝽

褐角肩网蝽又叫栎网蝽,属半翅目,网蝽科。分布于我国东北地区及山西、陕西、安徽、台湾等省。寄主有栗、栎等树种。

【为害状】

褐角肩网蝽以成虫和若虫栖居叶背刺吸汁液。被害叶面初现失绿斑点,随着为害加重渐呈苍白色斑块,严重时全叶苍白而枯萎,早期脱落。该虫分泌物和排泄物的堆积,常诱致煤污病发生,影响光合作用,削弱树势,降低果实产量与质量。

【形态特征】

(1)成虫 雄虫体长 2.5～2.7 毫米,雌虫体长 2.8～3.1 毫米。虫体扁阔,椭圆形,淡褐色。头小、褐色,头顶前方有两个较尖的小突起。复眼突出。触角 4 节,棒状,第二节最短,第三节很长且细,第四节为第一、二节长之和,其上密生细毛。前胸背板较宽,褐色,菱形,向后延伸盖住小盾片,两侧向外突出呈翼片状。前翅椭圆形,近透明,端部重叠,较宽。两翅合并呈"X"形。腹部腹面、中胸侧板前半部深褐色,后半部淡黄色。足胫节、跗节褐色。

(2)卵 香蕉形,长 0.4 毫米,初产时乳白色,后变为浅黄色。

(3)若虫 初孵若虫体长 0.3 毫米,灰白色,触角棒状。若虫共 4 龄。第二龄出现翅芽。

【发生规律和习性】

褐角肩网蝽在安徽 1 年 3 代,以成虫在枯枝落叶、树皮缝、石缝和杂草中越冬。翌春栗树发芽后成虫开始出蛰活动,从 4 月下旬开始至 6 月上旬结束,出蛰历期较长,且不整齐。第一、二代成虫发生期分别为 6 月中旬至 7 月中下旬和 8 月中下旬至 9 月下旬,世代重叠现象较为严重。第一代若虫发生期在 5 月下旬至 6 月中旬,第二代发生期为 7 月下旬至 8 月下旬,第三代发生期为 9 月中旬至 10 月上旬。成虫出蛰后多在叶背刺吸汁液,经一段时间的取食后在 5 月中旬开始交尾。成虫可多次交配,交配后第二天开始产卵,卵产在叶背主脉附近的组织内,产卵处流出汁液凝结成褐色条斑。成虫产卵期5～7 天。卵孵化期6～14 天。若虫孵化后在叶背群集 4～6 小时开始刺吸汁液,同时排出棕黄色胶状粪便。褐角肩网蝽若虫活动范围较小,一般在产卵叶片上即可完成生长发育。若虫期

13～35 天。成虫羽化多在上午 7 时和下午 5 时,阴雨天气亦有成虫出现,羽化一天后便在叶背刺吸为害。10 月下旬成虫活动逐渐减少。11 月上旬不再活动,多数群聚叶背,部分爬进树皮裂缝。11 月下旬成虫相继落地进入越冬状态。

【防治方法】

(1)人工防治　冬春季扫除枯枝落叶,刮除老翘皮,集中烧掉或埋在树下,可以有效地减少越冬虫数。合理修剪,使树冠通风透光,可减轻害虫发生与为害。

(2)树干涂白　用石灰白涂剂(生石灰 10 份、硫黄粉 1 份,加水 40 份搅拌均匀即成)涂抹树干 1～2 次,可消灭在树皮缝中越冬的成虫。若在白涂剂中加入适量农药,防治效果更佳。

(3)药剂防治　树上适期喷药,可以有效地控制为害,喷药的关键时期是越冬成虫出蛰后和第一代若虫孵化盛期。使用的药剂有 50%对硫磷乳油 2 500 倍液,2.5%溴氰菊酯乳油 2 500～3 000 倍液,40%氧化乐果乳油或 30%桃小灵乳油 2 000 倍液。

(二十四)栗角斑蚜

栗角斑蚜又叫栗花翅蚜,属同翅目,蚜科。分布于我国辽宁、河北、河南、山东、山西、江苏、四川等省。寄主为板栗。

【为害状】

栗角斑蚜成虫、若虫群集叶背吸食叶片汁液,并排泄蜜露污染叶片,引致煤污病发生,影响光合作用,常造成叶片提早脱落,削弱树势,降低果实产量。

【形态特征】

(1)有翅胎生雌蚜　体长 1.5 毫米,翅展 5.2～6.0 毫米,暗绿至淡赤褐色,被白色绵状物。头部、触角及足略带黄色。腹部扁平,背面中央和两侧有黑纹。沿翅脉呈淡黑色带状斑纹。触角端部 1/3 有暗色斑 3~4 个。

(2)无翅胎生雌蚜 体长 1.4~1.5 毫米,体呈长三角形,暗绿至淡赤褐色,被白色粉状物。胸、腹背部中央及两侧有黑色和褐色斑点。触角淡黄色,第一、二节黑褐色,端部 1/3 处有 3~4 个暗色斑。足淡黄色。

(3)卵 椭圆形,长 0.4 毫米,黑绿色。

(4)若蚜 体形似无翅胎生雌蚜,初龄时淡绿褐色,成长时呈暗绿色并出现黑斑。头、胸部棕褐色。有翅蚜胸部发达,具翅芽。

【发生规律和习性】

栗角斑蚜 1 年可完成十余代,以卵在枝条上和分枝处越冬。翌春栗树发芽时越冬卵孵化。初孵若蚜群集嫩叶背面吸食为害。雨季前常产生有翅胎生雌蚜迁飞扩散。平均气温达 24℃时,完成 1 代需要 12 天。至 10 月份平均气温降至 16℃以下时,开始产生有性蚜,经雌雄交尾后产卵越冬。10 月中旬为大量产卵期。卵多产在枝条上及分杈处。栗角斑蚜属留守式类型,生长季行孤雌胎生。干旱年份发生较重。

控制栗角斑蚜的天敌种类较多,常见的有草蛉类、瓢虫类、食蚜蝇类、寄生蜂类及花蝽类。

【防治方法】

(1)药剂涂干 蚜虫发生期用 40%氧化乐果乳油 50 倍液涂树干,涂成 10~15 厘米宽的药环,之后用塑料膜包扎好。此法简便,且对天敌安全。

(2)药剂防治 在发生量大的栗园,于春季栗树发芽前喷 90%的机油乳剂 200 倍液。越冬卵孵化后和若虫为害期喷

40％氧化乐果乳油2 000倍液或20％快灵乳油1 500倍液。

（二十五）铜绿丽金龟

铜绿丽金龟又叫铜绿金龟子,属鞘翅目,丽金龟科。在我国分布较为普遍,各栗产区均有发生。该虫食性复杂,寄主有栗、苹果、梨、杏、樱桃、山楂、海棠、榅桲、核桃、柿等多种果树。

【为害状】

铜绿丽金龟以成虫为害栗树叶片。被害叶片残缺不全,严重时叶片被食光,仅留叶柄。幼虫食害根部,为害不大。

【形态特征】

（1）成虫 体长16～22毫米,宽8.3～12.0毫米,铜绿色,长卵圆形,中等大小。头、前胸背板色泽较深,两侧边缘黄色,鞘翅色较淡而泛铜黄色,有光泽,腹面多呈乳黄色或黄褐色。触角鳃叶状,9节,鳃叶节由3节组成（插页8彩图）。

（2）卵 椭圆形,长径2毫米,短径约1.2毫米,乳白色。

（3）幼虫 体长30毫米左右,乳白色,头部黄褐色。肛腹片后部覆毛区中间的刺毛列由长针状刺毛组成,每侧多为13～19根,并相交或相遇。

（4）蛹 体长20毫米左右,化蛹初期为白色,渐变为浅褐色。

【发生规律和习性】

铜绿丽金龟1年1代,以幼虫在土中越冬。春季土壤解冻后幼虫开始由土壤深层向上移动,当地温达14℃左右时,有50％以上幼虫上升至距地表10厘米的土层里,30％的幼虫在10～20厘米的土层中取食根部,一般于4月下旬至5月上旬幼虫做土室化蛹。由于各地气温不同,成虫发生期也不一致。在安徽省成虫发生期为5月下旬至7月上旬,盛期集中在6

月上中旬。在陕西省成虫发生期在5月下旬至7月下旬,盛期在6月中下旬。在河南省成虫发生期为6月上旬至7月下旬,盛期为6月中下旬。在辽宁省于6月中下旬出现成虫,7月为盛期。成虫为害期40天左右。产卵于约6厘米深的表土层中,每头雌虫可产卵40多粒。卵期平均10天。7~10月间当10厘米深土层平均温度在20℃以上、果园土壤含水量在20%左右时,有90%的幼虫在7厘米左右土层中活动,10月上旬幼虫开始向下转移并越冬。

成虫趋光性极强,有假死性,昼伏夜出,多在傍晚18~19时开始出土,20时至清晨2时交尾、产卵、取食,3~4时后停止活动,飞离果树,入土潜伏。成虫喜欢在豆类、花生田及沟渠边潮湿地方产卵,土壤含水量低于15%时不能产卵。土壤含水量在10%~30%时,卵的孵化率达100%。

【防治方法】

(1)人工防治　在成虫发生期,利用其假死性,组织人力捕杀成虫。

(2)农业防治　在10月上旬前或4月下旬后翻耕果园,可消灭20%的越冬幼虫。

(3)地面喷药　发生量大、危害重的栗园,可在6月上旬成虫出土时,往地面喷洒50%辛硫磷乳油300倍液,25%对硫磷微胶囊剂300倍液,25%辛硫磷微胶囊剂300倍液或40.7%乐斯本乳剂600倍液,对成虫均有较好的防治效果。

(4)树上喷药　在成虫盛发期往树上喷洒50%对硫磷乳油1 500~2 000倍液或50%辛硫磷乳油1 000倍液均可。

(二十六)斑喙丽金龟

斑喙丽金龟又叫茶色金龟子,属鞘翅目,丽金龟科。分布于我国河北、山东、山西、陕西、江苏、浙江、安徽、江西、湖北、湖南、广西、四川、云南、台湾等省、自治区。寄主有板栗、苹果、梨、杏、李、柿、樱桃及洋槐、枫、杨等多种果树和林木。是我国重要农林害虫之一。成虫食性杂,食量大,为害集中。

【为害状】

斑喙丽金龟以成虫取食为害叶片、花序和嫩梢。被害叶片呈不规则缺刻和孔洞。

【形态特征】

(1)成虫 体长 9.4～10.5 毫米,宽 4.7～5.3 毫米,长椭圆形。褐至棕褐色,腹部色泽较深,体密被灰色至黄褐色鳞片。头大,唇基近半圆形,前缘高高折翘。触角 10 节,鳃叶部由 3 节组成,雄虫长,雌虫短。前胸背板短阔,前后缘近平行。小盾片三角形。鞘翅有 3 条纵肋,并杂生灰白色小毛斑。前足胫节外缘 3 齿,内缘距正常,后足胫节后缘有一小齿突。臀板短阔,三角形。

(2)卵 椭圆形,长 1.7～1.9 毫米,乳白色。

(3)幼虫 体长 13～16 毫米,乳白色,头部黄褐色,口器深褐色。肛腹片覆毛区散生不规则刚毛 21～35 根。

(4)蛹 卵圆形,长 10 毫米左右,初为乳白色,渐变为淡黄色,羽化前呈黄褐色。

【发生规律和习性】

斑喙丽金龟在我国河北、山东、山西、陕西等省 1 年 1 代,在江西省 1 年 2 代,均以幼虫在土中越冬。翌年春季解冻后越冬幼虫上升到表土层化蛹。在 1 代地区,越冬幼虫 5 月中旬开始化蛹,6 月为成虫羽化活动盛期,7 月渐少,至秋季仍有成虫为害,发生期不整齐。在 2 代地区,越冬幼虫于 4 月中旬开始化蛹,越冬代成虫于 5 月初出现,6～7 月份为害最烈。第一代成虫 8 月初出现。成虫多在夜间取食活动,白天潜伏土中或叶背,19 时开始出土取食、交尾、产卵,至凌晨 4～5 时又潜入土中。成虫有假死性,受惊即假死落地。成虫产卵于土中。幼虫孵化后在土中取食植物地下部分,为害性不大,至 10 月间开始越冬。

【防治方法】

(1)地面防治　在成虫出土期和为害期可进行地面防治。使用药剂有 50%辛硫磷乳油 300 倍液,25%对硫磷微胶囊剂或 25%辛硫磷微胶囊剂 300 倍液。干旱无水地区可在树冠下喷撒 4%敌马粉剂。

(2)树上防治　成虫发生量大时,可进行树上喷药防治。使用药剂有 50%对硫磷乳油 1 500 倍液,30%桃小灵乳油 2 500倍液或 2.5%溴氰菊酯乳油 3 000 倍液,均可收到较好的防治效果。

(二十七)中华弧丽金龟

中华弧丽金龟又叫四纹丽金龟,属鞘翅目,丽金龟科。分布于我国黑龙江、吉林、辽宁、内蒙古、河北、河南、山东、山西、陕西、甘肃、宁夏、四川、安徽、湖北、湖南、江苏、浙江、江西、广东、广西、福建、台湾、贵州等省、自治区。寄主有栗、柿、葡萄和蔷薇科果树及柳、棉、麦、豆类等多种树木和农作物。食性复杂,可取食 19 科 30 种以上的植物。

【为害状】

中华弧丽金龟以成虫取食叶片。被害叶片呈不规则的孔洞或缺刻,严重时仅残存主脉和叶柄。幼虫取食植物地下部分。

【形态特征】

(1)**成虫** 体长 7.5～12.0 毫米,宽 4.5～6.5 毫米。体小型、中段宽,翅基最阔,前后收狭。头与前胸背板金绿色,体色变化较大,常见为深铜绿色,鞘翅黄褐色,沿合缝部分绿色,其余部分深褐或暗绿色。足与体色相同。臀板基部有两个白色毛斑。触角鳃叶状,9 节,很短,鳃叶部分由 3 节组成。前胸背板密布刻点。小盾片三角形。鞘翅扁平,背面有 6 条相平行的刻点。足短较粗壮,前足胫节外缘两齿,中、后足胫节略呈纺锤形;爪成对,不对称,前、中足内爪端部分两叉,后足外爪较长大(插页 8 彩图)。

(2)**卵** 椭圆形,长约 1.5 毫米,乳白色。

(3)**幼虫** 体长 10 毫米左右。刺毛列呈"八"字形岔开,每侧由 5～8 根锥状刺毛组成。

(4)**蛹** 长 14 毫米左右,初期为白色,渐变为黄褐色,被有短毛。

【发生规律和习性】

中华弧丽金龟 1 年 1 代,多以 3 龄幼虫在土中 15～20 厘米深处越冬。4 月间幼虫开始在表土层活动取食,5～6 月间幼虫老熟并在土中化蛹,蛹期 8～20 天。成虫发生期较长,从 6 月至 9 月均有发生,但以 6 月下旬至 7 月下旬发生量较大,为害较重。成虫寿命较长,可达 45 天左右。成虫羽化后多在白天活动取食,常 3～5 头群集取食为害,有假死性。卵多散产于 3～5 厘米深表土中,每雌可产卵 60～100 粒。卵期 15 天左右。幼虫孵化后在土中取食植物地下部组织,至秋末达 3 龄时,于 15～20 厘米土层中越冬。

【防治方法】

(1)**人工捕杀** 成虫发生期组织人力,在早晚期间振落该虫后捕杀。

（2）耕翻树盘　入冬前或4月上旬耕翻树盘，可以消灭部分越冬幼虫。

（3）药剂防治　在成虫羽化出土期往地面喷药触杀出土成虫，使用药剂种类及浓度同铜绿丽金龟地面喷药防治法。成虫发生为害盛期，可往树上喷洒2.5%溴氰菊酯乳油2 500倍液或30%桃小灵乳油2 000倍液。

（二十八）琉璃弧丽金龟

琉璃弧丽金龟属鞘翅目，丽金龟科。在我国分布于辽宁、河北、河南、山东、江苏、浙江、湖北、江西、四川、云南、广东、台湾等省。寄主有栗、葡萄、榆树、胡萝卜、玫瑰、玉米等植物。

【为害状】

琉璃弧丽金龟成虫取食叶片，使其成不规则缺刻或孔洞，重者仅残留主脉及叶柄。幼虫为害植物的地下部分。

【形态特征】

（1）成虫　体长8～12毫米，宽4～6毫米，体中型，椭圆形。棕褐色泛紫绿色闪光。头较小，唇基前缘弧形，表面皱。触角9节，鳃片部由3节组成。前胸背板明显缢缩，基部狭于鞘翅，后缘侧段斜形，中段弧形内弯。小盾片三角形。鞘翅扁平，后部明显收狭，在小盾片后方的鞘翅基部有明显深横凹。臀板外露隆拱，上密布刻点，有白色毛斑一对，腹部两侧各节有白色毛斑区。足较壮实，胫节无端距，前足胫节外缘3齿。

（2）卵　乳白色。

（3）幼虫　体长8～11毫米。头宽3.5～4.1毫米，头长2.4～3.1毫米，前顶毛每侧6～8根，呈一纵列，额前毛左右各2～3根，其中两根长。上唇基毛左右各4根。在肛腹片后部有长针状刺毛,每列 4～8 根,刺毛列呈"八"字形向后岔开,排列不整齐。

(4)蛹　初为乳白色,渐变为黄褐色。

【发生规律和习性】

琉璃弧丽金龟 1 年 1 代,以 3 龄幼虫在土中越冬。在河南,越冬幼虫于 3 月底至 4 月初升至表土层为害作物根部,4月下旬化蛹。在 20℃ 条件下蛹期 12 天。5 月 10 日前后开始出现成虫,成虫羽化盛期在 5 月中旬。6 月下旬开始产卵,产卵盛期在 7 月中旬。卵期 8～20 天。成虫平均寿命 40.5 天。在 27.0～30.5℃ 条件下,1 龄幼虫平均发育历期 14.2 天,2龄幼虫发育历期 18.7 天。

成虫趋光性弱,有假死性,受惊后立刻收足坠落,白天活动,以 9～11 时和 15～18 时活动最盛,也是一天中交尾、为害的高峰。卵单产,以 1～3 厘米深表土层较多,每卵外均附有土粒成圆土球,球内光滑,似一小卵室。幼虫多在上午 8 时至下午 4 时孵化。

【防治方法】

(1)人工防治　成虫发生期组织人力捕杀成虫。

(2)地面喷药　在成虫羽化盛期和成虫产卵高峰期,往地面喷洒 50％辛硫磷乳油 300 倍液,25％对硫磷微胶囊剂 300倍液,40.7％乐斯本乳剂 600 倍液,对成虫和初孵幼虫均有较好的防治效果。

(3)树上喷药　成虫为害高峰期,往树上喷洒 2.5％溴氰菊酯乳油 2 500 倍液,40.7％乐斯本乳油 2 000 倍液或 50％对硫磷乳油 1 500～2 000 倍液,均有较好的防治效果。

(二十九) 小青花金龟

小青花金龟又叫小青花潜,属鞘翅目,花金龟科。在我国分布非常广泛,除新疆外,全国各地均有发生。寄主有栗、苹果、梨、山楂、樱桃、李、杏等果树,还为害多种林木和农作物。是多食性害虫。

【为害状】

小青花金龟食害花序和嫩叶,使其呈缺刻或孔洞。幼虫取食植物地下部组织,但危害性不大。

【形态特征】

(1)成虫 体长 11～16 毫米,宽 6～9 毫米,中型大小,稍狭长。体有暗绿、铜绿、褐、暗褐色,密被黄色绒毛和刻点,无光泽。头部黑色,触角鳃叶状 11 节,黑褐色,鳃叶节 3 节。前胸背板半椭圆形,前缘窄后缘宽,密布小刻点和黄色绒毛,两侧刻点较粗密。小盾片近三角形。鞘翅上散生白色或黄白色斑,鞘翅合缝两侧各有 3～4 个色斑。纵肋 2～3 条,不甚明显,并有纵刻点 8～9 条。足黑色,足端两爪相等,无分叉,前足胫节外齿 3 个,第二齿稍下对生一内方距。体腹面黑褐色,密生黄色短绒毛,腹部两侧各有 6 个黄白色斑纹,腹末有 4 个黄白色斑纹。雄虫前胸背板和鞘翅中部多呈褐色(插页 8 彩图)。

(2)卵 椭圆形,长 1.7～1.8 毫米,初产时乳白色,孵化前变为淡黄色。

(3)幼虫 长 32～36 毫米,乳白色,头棕褐色至暗褐色。肛门孔横裂缝状,肛腹片布满长短刺状刚毛,刺毛列由小锥状刺组成,每列 16～24 根,多为 18～22 根,两列对称,近于平行,前端接近,后端岔开,呈细长椭圆形,前端达肛腹片 1/2 处。初孵幼虫头橙色,胴部淡黄白色。

（4）蛹　长 14 毫米左右，初为淡黄白色，渐变为橙黄色。

【发生规律和习性】

小青花金龟 1 年 1 代，多数以成虫或蛹于土中越冬，亦有少数幼虫越冬。在辽宁省，4 月中下旬出现成虫，5 月为发生盛期。成虫多在 10～16 时活动，以下午最为活跃。成虫交配后产卵于腐殖质多的荒地土中。幼虫以土中腐败物为食。8～9 月份大部分幼虫化蛹并羽化，以成虫或蛹在土室中越冬。

【防治方法】

同琉璃弧丽金龟的防治法。

（三十）大 灰 象

大灰象又叫日本大灰象，属鞘翅目，象虫科。分布于我国辽宁、内蒙古、河北、河南、山东、山西、陕西、安徽、湖北等省、自治区。主要寄主有板栗、苹果、梨、樱桃、李、杏、核桃等果树及棉花、甘薯、大豆等农作物。

【为害状】

大灰象成虫为害芽、叶，使其出现许多圆形、半圆形孔洞或不规则缺刻。幼虫取食植物地下部组织。

【形态特征】

（1）成虫　体长 7.3～12.1 毫米，宽 3.2～5.2 毫米。灰黄至灰黑色，密被灰白带金黄色和褐色鳞片。复眼黑色，椭圆形。触角膝状，11 节，生于头管前端，端部 4 节膨大呈棒状。头管粗短，表面有 3 条纵沟，中间有一条黑色带。前胸稍长，前后缘较平直，两侧略呈圆形，背面中央有一条纵沟。鞘翅灰黄色，末端较尖，上有 10 条纵沟和不规则斑纹，中间具一条白色横带。后翅退化（插页 8 彩图）。

（2）卵　长椭圆形，长约 1.2 毫米，初产时乳白色，后变为黄褐色,20～30 粒排成块状。

(3)幼虫 体长 17 毫米左右,乳白色,体弯曲,无足。

(4)蛹 长约 10 毫米,初为乳白色,渐变为黄色或暗灰色。

【发生规律和习性】

大灰象在我国北方多为 1 年 1 代,也有 2 年发生 1 代者。1 年 1 代的以成虫在土中越冬;2 年完成 1 代的第一年以幼虫越冬,第二年以成虫越冬。越冬成虫翌年 4 月开始出土活动,经取食补充营养后于 6 月下旬大量产卵。卵产于叶片上,偶有产于土中者。每头雌虫可产卵 100 多粒。卵期 7 天左右。幼虫孵化后入土取食腐殖质和植物须根。幼虫老熟后在土中化蛹,成虫羽化后不出土即越冬。2 年 1 代者,第一年幼虫在 60～100 厘米深的土中营造土室越冬,翌年春暖后继续取食,至秋季幼虫老熟化蛹,羽化后以成虫越冬。成虫不能飞,动作迟缓,白天多潜伏于土缝或叶片上不动,傍晚和早晨取食,交尾、产卵。成虫有假死性,遇强烈震动即落地假死不动。

【防治方法】

参照琉璃弧丽金龟的防治方法。

(三十一)蒙古土象

蒙古土象又叫蒙古灰象甲,属鞘翅目,象虫科。分布于黑龙江、吉林、辽宁、内蒙古、河北、山东、山西、河南和陕西等省、自治区。寄主有板栗、苹果、梨、樱桃、枣、核桃、桑、杨、刺槐、泡桐、谷类、豆类、棉、麻、花生、烟草等多种果树、林木和农作物。

【为害状】

蒙古土象以成虫食害芽、叶,使其呈圆形或半圆形缺刻。幼虫取食植物的地下部组织。

【形态特征】

(1)成虫　体长 4.4～5.8 毫米,宽 2.3～3.1 毫米。体长椭圆形,被褐色和白色鳞片。头管粗短,长略大于宽,背面中央有一条纵沟。复眼黑色,近圆形。触角膝状,11 节,端部 3 节膨大呈棒状,生于喙管近前端。前胸略呈椭圆形,前缘窄于后缘。鞘翅略呈倒卵圆形,末端稍尖圆,上有 10 条纵刻点列。

(2)卵　长椭圆形,长 0.9 毫米,宽 0.5 毫米,初产时乳白色,24 小时后变为黑褐色。

(3)幼虫　体长 6～9 毫米,肥胖,乳白色,体表横皱较多,略弯曲。

(4)蛹　长 5～6 毫米,椭圆形,初期为乳白色,渐变为黄褐色。羽化前与成虫相似,头管下垂,先端达前足跗节基部。

【发生规律和习性】

蒙古土象在北方 2 年 1 代,第一代以幼虫在土中越冬,第二年成虫羽化后在土室中越冬。在辽宁,成虫于 4 月中旬前后开始出土,为害盛期在 5～6 月份。成虫经一段时间取食补充营养后开始交尾、产卵,卵多成块产于土中,产卵期约 40 余天。每雌可产卵 200 多粒。8 月以后成虫基本绝迹。5 月下旬开始有幼虫孵化,幼虫孵化后在土中为害植物地下部组织,至 9 月末做土室越冬。翌春幼虫继续取食,到 6 月中旬幼虫开始老熟,做土室并在土室内化蛹。7 月上旬开始羽化成虫,成虫羽化后不出土即在蛹室内越冬。成虫多在白天活动,以 10 时前后和 16 时前后活动最盛。有假死性,遇震动即落地假死。夜晚和阴雨天多潜伏在枝叶间或土缝中不动。

【防治方法】

参照琉璃弧丽金龟的防治方法。

(三十二) 针叶小爪螨

针叶小爪螨又叫栗红蜘蛛、板栗小爪螨,属蜱螨目,叶螨科。分布于我国北京、河北、山东、江苏、安徽、浙江、江西等省、市及世界许多国家。寄主有板栗、锥栗、麻栎、云杉、杉木、橡等树种。是为害栗树叶片的主要害螨。

【为害状】

针叶小爪螨以幼、若螨及成螨刺吸叶片。栗树叶片受害后呈现苍白色小斑点,斑点尤其集中在叶脉两侧,严重时叶色苍黄,焦枯死亡,树势衰弱,栗实瘦小,严重影响栗树生长与栗实产量。

【形态特征】

(1)成螨 雌成螨体长 0.49 毫米,宽 0.32 毫米,椭圆形。背部隆起,背毛 26 根,具绒毛,末端尖细。各足爪间突呈爪状。腹基侧具 5 对针状毛。夏型成螨前足体浅绿褐色,后半体深绿褐色,产冬卵的雌成螨红褐色。雄成螨体长 0.33 毫米,宽 0.18 毫米,体瘦小,绿褐色。后足体及体末端逐渐尖瘦,第一、四对足超过体长(插页 9 彩图)。

(2)幼螨 足 3 对。冬卵初孵幼螨红色;夏卵初孵幼螨乳白色,取食后渐变为褐色至绿褐色。

(3)若螨 足 4 对。体绿褐色,形似成螨。

(4)卵 扁圆形。冬卵暗红色,夏卵乳黄色。卵顶有一根白色丝毛,并以毛基部为中心向四周形成放射刻纹(插页 9 彩图)。

【发生规律和习性】

针叶小爪螨在北方栗区 1 年 5～9 代,以卵在 1～4 年生枝条上越冬,多分布于叶痕、粗皮缝隙及分枝处,以 2～3 年生枝条上最多。在北京地区,越冬卵每年于5月上旬(5月4日)开始孵化,至5月下旬(5月21日)基本孵化完毕,孵化率为93.3%,而且近60%的卵集中在5月6日至12日之间孵化,孵化期相当集中。第一代幼螨孵化后爬至新梢基部小叶片正面聚集为害,活动能力较差。以后各代随新梢生长和种群数量的不断增加,为害部位逐渐上移。第二代发生期在5月中旬至7月上旬,第三代发生期在6月上旬至8月上旬。从第三代开始出现世代重叠。针叶小爪螨在板栗树上的种群动态:每年5月下旬由于第一代成螨逐渐死亡,新卵尚未大量孵化,种群数量暂时处于下降阶段。从6月上旬起,种群数量开始上升,至7月10日前后形成全年的发生高峰,高峰期可维持至7月下旬,8月上旬种群陡然下降,到8月中旬降至叶均1头以下。在田间于6月下旬始见越冬卵,8月上旬为越冬卵盛发期,9月上旬结束。

针叶小爪螨无论是雄螨还是雌螨,其个体发育均需经历卵期、幼螨期、第一静止期、前期若螨、第二静止期、后期若螨、第三静止期和成螨8个发育阶段。完成一代所需的天数随气温的升高而缩短。该螨进行两性生殖,雌雄性比为3∶1。

成螨在叶片正面为害,多集中在叶片的凹陷处拉丝、产卵。平均每雌产卵量43粒,最多可达72粒。雌成螨寿命15天左右,雄成螨寿命1.5～2.0天。夏卵卵期8～15天。适宜的发育气温为16.8～26.8℃。夏季高温干旱利于种群增长,并可造成严重危害。由于针叶小爪螨多在叶正面活动,阴雨连绵、暴风雨可以使种群数量显著下降。天敌也是控制该螨种群增长的主要因子。

【防治方法】

(1)药剂涂干　针叶小爪螨越冬卵孵化期与栗树的物候

期较为一致。当板栗树开始展叶抽梢时,越冬卵即开始孵化。此期可使用 40%乐果或氧化乐果乳油 5 倍液涂干,效果较好。涂药方法为:在树干基部选择较平整部位,用刮皮刀把树皮刮去,环带宽 15～20 厘米,刮除老皮略见青皮为止,不能刮到木质部,否则易产生药害。刮好后即可涂药,涂药后用塑料膜包扎。为防止产生药害,药液浓度要控制在 10%以下。药液有效成分在 6.7%时,对针叶小爪螨的有效控制期可达 40 天,且对栗树安全无药害。

(2)药剂防治 在 5 月下旬至 6 月上旬,往树上喷洒选择性杀螨剂 20%螨死净悬浮剂 3 000 倍液,5%尼索朗乳油 2 000倍液,全年喷药 1 次,就可控制为害。在夏季活动螨发生高峰期,也可喷洒 20%三氯杀螨醇乳油 1 500 倍液,40%水胺硫磷乳油 2 000 倍液,对活动螨有较好的防治效果。

(3)保护天敌 栗园天敌种类较多,常见的有草蛉、食螨瓢虫、蓟马、小黑花蝽及多种捕食螨,应注意保护利用。有条件的地区可以人工释放西方盲走螨及草蛉卵,开展生物防治。

(三十三) 栗叶瘿螨

栗叶瘿螨又叫栗瘿壁虱,属蜱螨目,瘿螨科。分布于我国北京、河北等地。寄主为栗树。

【为害状】

叶片被害处,在正面出现袋状虫瘿,少数生于叶背。虫瘿倒立于叶面,长 0.2～1.5 厘米,横径 0.1～0.2 厘米,顶部钝圆,瘿体稍弯曲,基部收缩,似瓶颈,表面光滑无毛,草绿色,瘿内壁生毛管状物,乳白色,虫瘿在后期干枯变褐,不脱落,被害叶片一般有几十个虫瘿,多者上百个,阻碍光合作用。

【形态特征】

(1)成螨 体长 160～180 微米,宽约 30 微米,厚约 28 微米。体浅黄色或乳白色,长蠕形。胸腹部共有 55～60 个环节。尾端有吸盘,可以吸附叶表。体侧各有刚毛 4 根,尾端两侧各 1 根,爪梳状。初越冬的冬型成螨乳白色,渐变成淡黄色。体节明显,头胸和腹部可以明显分开。

(2)卵 椭圆形,透明,近孵化时稍凹陷。

(3)幼、若螨 初孵幼螨无色透明,渐变为乳白色。若螨半透明。

【发生规律和习性】

栗叶瘿螨以雌成螨在 1～2 年生枝条的芽鳞下越冬。春季栗树展叶期开始为害,瘿体初期很小,后逐渐长大,至 6～7 月份瘿体最大,最长的可达 1.5 厘米。从展叶至 9 月末不断有新鲜虫瘿长出。螨在瘿内毛管状附属物之间活动,一个瘿内有螨几百头。虫瘿后期干枯,螨从叶背孔口成群钻出,在叶面爬行。7～8 月份,一片有虫瘿 40 个左右的叶片,可有螨 1 230～5 000 头或更多。10 月下旬大量的螨从瘿内钻出,爬到枝条上寻找越冬场所。在 1～2 年生幼嫩枝条的饱满顶芽上,可聚集千头以上,在芽基部叶痕的脱落层下亦聚有大量冬型螨,在饱满花芽的第一鳞片下越冬虫体较多,第二鳞片下很少,其他暴露部位冬型螨越冬后大部分不能成活。虫体集中成堆时,有拉丝习性。

【防治方法】

(1)人工防治 由于该螨主动扩散力较差,一般栗园发生面积及发生量不大,在一片栗园往往仅有几株树发生,而一株树上又多集中在几个枝条上。因此,在生长季剪除被害枝条或摘除有虫瘿的叶片,即可收到较好的防治效果。

（2）药剂防治　在点片发生阶段，也可以用药剂防治。在栗树展叶前或展叶初期，往树上喷洒 50％硫悬浮剂 200～400 倍液，20％三氯杀螨醇乳油 1 500 倍液，20％螨死净悬浮剂 3 000倍液。

三、枝干害虫

（一）栗瘿蜂

栗瘿蜂又叫栗瘤蜂，属膜翅目，瘿蜂科。我国各板栗产区几乎都有分布。发生严重的年份，栗树受害株率可达 100％，是影响板栗生产的主要害虫之一。

【为害状】

以幼虫为害芽和叶片，形成各种各样的虫瘿。被害芽不能长出枝条，直接膨大形成的虫瘿称为枝瘿。虫瘿呈球形或不规则形，在虫瘿上有时长出畸形小叶。在叶片主脉上形成的虫瘿称为叶瘿，瘿形较扁平（插页 10 彩图）。虫瘿呈绿色或紫红色，到秋季变成枯黄色，每个虫瘿上留下一个或数个圆形出蜂孔。自然干枯的虫瘿在一两年内不脱落。栗树受害严重时，虫瘿比比皆是，很少长出新梢，不能结实，树势衰弱，枝条枯死。

【形态特征】

（1）成虫　体长 2～3 毫米，翅展 4.5～5.0 毫米，黑褐色，有金属光泽。头短而宽。触角丝状，基部两节黄褐色，其余为褐色。胸部膨大，背面光滑，前胸背板有 4 条纵线。两对翅白色透明，翅面有细毛。前翅翅脉褐色，无翅痣。足黄褐色，有腿节距，跗节端部黑色。产卵管褐色（插页 9 彩图）。仅有雌虫，无雄虫。

（2）卵　椭圆形，乳白色，长 0.1～0.2 毫米。一端有细长柄，呈丝状，长约 0.6 毫米。

（3）幼虫　体长 2.5～3.0 毫米，乳白色。老熟幼虫黄白色。体肥胖，略弯曲。头部稍尖，口器淡褐色。末端较圆钝。胴部可见 12 节，无足（插页 9 彩图）。

（4）蛹　离蛹，体长 2～3 毫米，初期为乳白色，渐变为黄褐色。复眼红色，羽化前变为黑色（插页 9 彩图）。

【发生规律和习性】

栗瘿蜂 1 年 1 代，以初孵幼虫在被害芽内越冬。翌年栗芽萌动时开始取食为害，被害芽不能长出枝条而逐渐膨大形成坚硬的木质化虫瘿。幼虫在虫瘿内做虫室，继续取食为害，老熟后即在虫室内化蛹。每个虫瘿内有 1～5 个虫室。在长城沿线板栗产区，越冬幼虫从 4 月中旬开始活动，并迅速生长，5 月初形成虫瘿，5 月下旬至 7 月上旬为蛹期。化蛹前有一个预蛹期，为 2～7 天，然后化蛹。蛹期 15～21 天。6 月上旬至 7 月中旬为成虫羽化期。成虫羽化后在虫瘿内停留 10 天左右，在此期间完成卵巢发育，然后咬一个圆孔从虫瘿中钻出，成虫出瘿期在 6 月中旬至 7 月底。在长江流域板栗产区，上述各时期提前约 10 天。在云南昆明地区，越冬幼虫于 1 月下旬开始活动，3 月底开始化蛹，5 月上旬为化蛹盛期和成虫羽化始期，6 月上旬为成虫羽化盛期。成虫白天活动，飞行力弱，晴朗无风天气可在树冠内飞行。成虫出瘿后即可产卵，营孤雌生殖。成虫产卵在栗芽上，喜欢在枝条顶端的饱满芽上产卵，一般从顶芽开始，向下可连续产卵 5～6 个芽。每个芽内产卵 1～10 粒，一般为 2～3 粒。卵期 15 天左右。幼虫孵化后即在芽内为害，于 9 月中旬开始进入越冬状态。

成虫产卵于栗芽内的部位不同，形成的虫瘿亦不同。据罗维德报道,栗瘿蜂在栗芽上半部产卵的占 90%。从解剖栗芽内的卵粒分布看,卵产在栗芽生长点顶端的占 80%左右,翌年不能发枝而长出较大虫瘿;卵产在芽生长点旁边的,能抽出带虫瘿的细弱枝;卵产在叶原始体上的,翌年在叶脉上形成虫瘿;卵产在栗芽基部侧面的,不能形成虫瘿;卵产在栗芽其他部位绒毛上的,幼虫自然死亡。

【发生与环境的关系】

栗瘿蜂的发生主要受寄生蜂的影响。据对板栗产区栗瘿蜂的发生情况进行分析,栗瘿蜂的发生有一定的规律性,每次大发生都持续 2～3 年,此后便很少发生。这其中的原因主要是在栗瘿蜂大发生的当年,寄生蜂有了丰富的寄主而得以繁殖,第二年寄生蜂就形成了一定的种群,第三年就能基本上控制栗瘿蜂的为害。以后数年内,由于栗瘿蜂得到控制,寄生蜂因找不到合适的寄主,其种群数量大减。这种情况会维持若干年。当栗瘿蜂种群达到一定数量时,又会出现大发生年份。据河北省昌黎果树研究所报道,建国以来,在河北省板栗产区有 2 次栗瘿蜂大发生年,即 1959 年和 1978 年。1978 年在迁西县干柴峪大队调查,栗瘿蜂被天敌寄生率仅 7.3%。迁西县林业局魏永保在 1979 年和 1980 年调查,仅长尾小蜂的寄生率就分别为 33.4%和 39.56%。

寄生蜂的种类很多。据黄竞芳等报道,从全国 11 个省的 20 个县采到的种类达 30 种,其中分布范围广、数量较多的有 8 种,即中华长尾小蜂、葛氏长尾小蜂、玫瑰广肩小蜂、黄褐宽缘广肩小蜂、黑褐宽缘广肩小蜂、纵脊刻腹小蜂、栗瘿旋小蜂、栗瘿姬小蜂。在辽宁、河北、北京和云南省禄劝县等板栗产区,以中华长尾小蜂为优势种。在河北省迁西县板栗产区,1979 年和 1980 年中华长尾小蜂的寄生率分别为 33.49%和

39.56%;在云南省禄劝县板栗产区,自然寄生率可达80%。在江西省南昌地区,寄生蜂的主要种类是葛氏长尾小蜂。

寄生蜂与栗瘿蜂的发生是同步的,现以中华长尾小蜂为例说明二者之间的关系。中华长尾小蜂1年1代,以老熟幼虫在栗瘿蜂虫瘿内越冬。翌年3月中旬开始化蛹,蛹期40天左右。成虫在4月下旬至5月上旬羽化,羽化后在虫瘿内停留2~3天出瘿。成虫脱瘿后即可交尾(此时正是栗瘿蜂虫瘿形成期),交尾后的雌成虫产卵于新鲜虫瘿内。成虫产卵时将产卵管刺入虫瘿,并插入栗瘿蜂幼虫体内注入毒液,使其麻醉,然后将卵产于栗瘿蜂幼虫体表或虫室壁上。每个寄主上只产一粒卵。寄生蜂幼虫孵化后取食栗瘿蜂幼虫,不久将其取食一空。幼虫老熟后在虫瘿内越夏、越冬。所以,在秋季解剖虫瘿时发现其中的幼虫即是寄生蜂的幼虫,而不是栗瘿蜂幼虫。

板栗不同品种对栗瘿蜂的抗性存在差异,表现出三种情况:一是新梢上的芽生长缓慢,在栗瘿蜂成虫发生期,栗芽尚未生长饱满,栗瘿蜂成虫不喜欢在这种芽子上产卵,这种情况称为避害性;二是芽子瘦小、外层鳞片抱合紧密的品种,栗瘿蜂成虫不爱在其上产卵,亦表现出抗虫性;三是感虫品种新梢内含有引诱成虫产卵的化学物质,易引诱成虫在其上产卵。

【防治方法】

(1)人工防治和农业防治 ①剪除虫枝。剪除虫瘿周围的无效枝,尤其是树冠中部的无效枝,能消灭其中的幼虫。②剪除虫瘿。在新虫瘿形成期,及时剪除虫瘿,消灭其中的幼虫。剪虫瘿的时间越早越好。

(2)生物防治 保护和利用寄生蜂是防治栗瘿蜂的最好办法。保护的方法是在寄生蜂成虫发生期不喷任何化学农药。

(3)药剂防治 ①在栗瘿蜂成虫发生期,可喷布50%杀螟松乳油、80%敌敌畏乳油、50%对硫磷乳油,均为 1 000 倍液,或喷 40%乐果乳油 800 倍液。②在春季幼虫开始活动时,用 40%乐果乳油 2～5 倍液涂树干,或用 50%磷胺乳油涂树干,每树用药 20 毫升,涂药后包扎。利用药剂的内吸作用,杀死栗瘿蜂幼虫。

(二)栗 链 蚧

栗链蚧属同翅目,链蚧科。分布于我国江苏、浙江、安徽、江西等省板栗产区,是板栗的一种主要害虫。

【为害状】

以成虫和若虫群集在树干、枝条和叶片上刺吸汁液。1～2 年生枝条被害后,表皮下陷,凹凸不平;当年生新梢被害后,表皮开裂,以致干枯死亡;叶片被害后出现淡黄色斑点,早期脱落。

【形态特征】

(1)成虫 雌雄异型。雌虫体呈梨形,褐色,长 0.5～0.8 毫米。介壳略呈圆形,直径约 1 毫米,黄绿色或黄褐色,背面突起,有 3 条纵脊和不明显的横带,体缘有粉红色刷状蜡丝。雄虫有一对翅。体长 0.8～0.9 毫米,翅展 1.7～2.0 毫米。触角丝状。虫体淡褐色。翅白色透明,略有光泽,翅面上有两条纵脉。介壳长椭圆形,淡黄色,背面突起,有一条较明显的纵脊。

(2)卵 椭圆形,长 0.2～0.3 毫米。初期为乳白色,孵化前变为暗红色。

(3)若虫 椭圆形,触角、口器、足均发达。腹部分节明显,末端着生一对细长毛。若虫固定以后变为红褐色。

(4)蛹 仅雄虫有蛹。离蛹,圆锥形,褐色,长 0.8～0.9 毫米。

【发生规律和习性】

栗链蚧在南京地区1年1代,在江西省南昌1年2代。以受精雌成虫在树干上越冬。据袁昌经报道,在江西板栗产区,3月上中旬(气温10℃左右)越冬虫体由深绿色转为褐色或赤褐色,从3月下旬或4月上旬开始产卵,产卵盛期在4月中下旬,卵期15～20天,4月下旬至5月上旬为卵孵化盛期。初孵若虫很活泼,爬行分散。一天后若虫便固定下来,用口器刺入植物组织内吸取汁液,并分泌蜡质,形成介壳。经20～25天后,雌雄虫体开始分化。雄虫介壳变长(多在叶片上和嫩枝上),于5月下旬开始化蛹,6月中旬开始羽化。成虫飞行力弱,羽化当天即可交尾,寿命1～2天。雌虫多集中在主干和枝条上,经交尾后于6月下旬开始产卵。第二代若虫发生期在7月上中旬。第二代雄成虫羽化盛期在8月中旬。9月份以后以受精雌成虫越冬。

栗链蚧的最适发育温度是20～30℃,高温对其生长发育不利。在自然界,红点唇瓢虫是其主要天敌。

【防治方法】

(1)人工防治　从外地引入苗木或接穗时,要严格执行检疫制度。如发现栗链蚧,要进行药剂处理。方法是:用15～25升水,加0.5千克洗衣粉,将苗木浸在洗衣粉水溶液中30分钟左右,可杀死枝条上的介壳虫。

(2)药剂防治　药剂防治的关键时期是若虫孵化初期,此时虫体活泼,尚未分泌蜡质,药剂易接触虫体。常用药剂有80%敌敌畏乳油、40%乐果乳油或50%杀螟松乳油,均为1 000倍液。

(3)保护天敌　在虫体固定后,尽量不喷杀虫剂,以保护红点唇瓢虫等捕食性天敌。

（三）小斑链蚧

小斑链蚧属同翅目,链蚧科。分布在我国云南省部分板栗产区。寄主为板栗。

【为害状】

以若虫和雌成虫群集于板栗树1～2年生枝条上吸食汁液,被害枝表皮凹凸皱缩,并干瘪,受害轻者,影响植株生长,严重时造成枝条干枯死亡。

【形态特征】

雌成虫体圆形,直径1.35毫米。蜡壳圆形,直径2.5～3.0毫米。活体通常为黄绿色,触角瘤状,无足,肛环退化,臀瓣不发达,沿虫体腹面体缘分布一列呈"8"字形的腺体。虫体背面分布有管状腺,背面和腹面侧缘分布有微小的盘状孔。

【发生规律和习性】

小斑链蚧在云南省保山地区1年1代,以雌成虫在枝条上越冬。翌年3月上旬至5月上旬为产卵期,5月中旬当平均气温达19.5℃时,卵开始孵化,孵化盛期在5月中旬至6月中旬。晴天下午孵化较多。初孵若虫比较活泼,善爬行,3天后若虫就可固定在枝条上吸取汁液。若虫蜕皮2次。雄性若虫到7月上旬开始化蛹,8月上旬羽化成为成虫。雌性若虫在7月中旬开始分泌蜡质,形成介壳,并开始越夏、越冬。小斑链蚧的主要天敌有寄生蜂和瓢虫。

【防治方法】

(1)人工防治　结合冬季修剪,剪除虫多的枝条。

(2)农业防治　加强栽培管理,提高树体耐害性。

(3)药剂防治　①涂树干。用40％氧化乐果乳油5倍液涂树干,然后包扎。利用药剂的内吸传导作用杀死害虫。②树上喷药。在若虫发生期,用40%氧化乐果乳油1500倍液或0.5波美度石硫合剂喷雾1～2次,尤以初孵若虫期防治效果为好。

(四)白生盘蚧

白生盘蚧属同翅目,盘蚧科。分布于我国云南的大理、丽江、昆明、曲靖、楚雄等地,是为害板栗的一种新害虫,还可为害栎类植物和苹果树。

【为害状】

初孵若虫在叶脉上固定,刺吸汁液;2龄以后的若虫迁移至当年生枝条上固定取食,并分泌白色棉絮状蜡质物将虫体包围。被害枝条被虫体分泌的棉絮状物所覆盖。雌成虫寄生在当年和2年生细枝和短果枝上。被害枝细弱,易干枯死亡。

【形态特征】

(1)成虫　雌成虫体呈卵圆形,体长6～9毫米,宽4～7毫米。触角7节,足细长,胸部气门发达而硬化,虫体背面布满五孔腺。体缘侧刺顶端尖锐,有粗刺和细刺两种,分布稀疏均匀。虫体背面覆盖白色棉絮状蜡质物。雄虫有一对翅,体长2.10～2.15毫米(包括交尾器),翅展2.15～2.25毫米。体和前翅粉红色,翅透明,翅脉简单。触角丝状,10节。胸部稍带黄褐色,胸足发达。腹部末端有一角质化的阳茎鞘和两根细长蜡丝。

(2)卵　长椭圆形,长0.5～0.6毫米,宽0.1～0.2毫米。初产时为淡黄色,逐渐变为橙黄色。

(3)若虫　初孵若虫长椭圆形,体长0.5～0.7毫米,淡黄色,眼点土红色。触角6节,口针和胸足腿节发达,腹末有两根长毛。2龄若虫触角和足退化,单眼消失。虫体逐渐变成长方形。

（4）蛹　仅雄虫有蛹。体长 2.2～2.6 毫米。眼土红色，触角、足、翅芽均明显可见。腹部末端有一个明显的阳茎鞘突。

（5）茧　长椭圆形，长约 2 毫米，白色毡膜状。

【发生规律和习性】

白生盘蚧在昆明地区 1 年 1 代，以雌成虫在被害枝条上越冬。翌年 3 月开始继续为害。5 月上旬至 8 月上旬为产卵期，6 月中旬为产卵高峰期。初孵若虫在母体腹部下面停留 12～14 小时后即向外分散，爬行到叶片背面的叶脉上，此时是扩散的主要时期，这一时期在 6 月中旬至下旬。2 龄以后的若虫爬向枝条上为害，此时是为害最盛的时期。雌虫发育成熟经交尾后虫体迅速膨大，并继续取食为害，到 11 月份开始越冬。雄性成虫于 8 月上旬进入前蛹期，并分泌蜡质物形成毡状蛹壳。成虫于 9 月下旬羽化，羽化盛期在 10 月中旬。

白生盘蚧的天敌有瓢虫、跳小蜂、长尾小蜂和草蛉。这些天敌是控制白生盘蚧种群的主要因子，雨水冲刷也可明显抑制其为害。

【防治方法】

（1）人工防治　结合板栗冬剪，剪除虫多的枝条。将剪下的枝条置于林间，让寄生性天敌羽化后重新寄生，起到保护天敌的作用。

（2）药剂防治　防治的关键时期是若虫孵化后的分散爬行期和雄成虫羽化期。若虫孵化期用 25％喹硫磷乳油 1 000 倍液喷布 2 次，重点喷叶片背面，防治效果很好。在雄成虫羽化盛期，用 40％氧化乐果乳油 1 500 倍液喷雾，可获得明显的防治效果。

（五）栗 绛 蚧

栗绛蚧又叫球坚蚧,属同翅目,绛蚧科。分布于我国江苏、浙江、安徽、山西等省板栗产区,是板栗的一种主要害虫。

【为害状】

以若虫和雌成虫群集在枝条上刺吸汁液。被害枝易干枯死亡,导致树势衰弱,生长结实不良,栗实减产。

【形态特征】

(1)成虫 雌雄异型。雌虫介壳球形,直径 5.7～6.7 毫米,高 5.3～6.8 毫米。初期为嫩绿色至黄绿色,体壁软而脆,腹末有一个小水珠,称为"吊珠"。随着虫体的生长,体积逐渐增大,体色加深,体背隆起,整个身体呈球形或半球形。体表光滑,具光泽。其上有黑褐色不规则的圆形或椭圆形斑,每斑中央有一个凹陷的小刻点,腿部末端有一个大而明显的圆形黑斑。雄成虫有一对翅,体长约 1.49 毫米,翅展约 3.09 毫米,棕褐色。触角丝状,各节间环生细毛。复眼发达,单眼 3 对,在头顶排列成倒"八"字形。口器退化。前翅淡棕色,透明,翅脉两根。腹部第七节背面两侧各有一根细长的白色蜡丝,长约 0.7 毫米(图 12)。

(2)卵 长椭圆形,长约 0.2 毫米。初期乳白色或无色透明,孵化前变为紫红色。

(3)若虫 初孵若虫长椭圆形,体长约 0.3 毫米,淡黄色,触角丝状,喙和胸足发达,尾毛一对,两尾毛之间有 4 根臀刺。固定以后的 1 龄若虫体呈黄棕色,胸部两侧各有一块白色蜡粉。2 龄若虫体呈椭圆形,体长约 0.54 毫米,肉红色,体背常粘附有 1 龄若虫的虫蜕。两根尾毛在后期脱落,只留痕迹。

(4)蛹 仅雄虫有蛹。离蛹,长椭圆形,黄褐色。

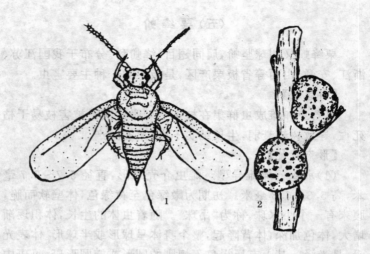

图 12　栗绛蚧

1. 雄成虫　2. 雌成虫

（5）茧　扁椭圆形,长约 1.65 毫米,白色丝质。

【发生规律和习性】

据袁荣兰等报道,栗绛蚧在浙江等栗产区 1 年 1 代,以 2
龄若虫在枝条裂缝、芽痕等隐蔽处越冬。翌年 3 月上旬当日平
均气温达 10℃时,越冬若虫开始活动并取食。3 月中旬以后雌
雄分化。雌虫蜕皮变为成虫,继续吸食汁液,这是为害最重要
的阶段。雄性若虫迁移到树皮裂缝、树干基部、树洞等处结茧
化蛹。雌成虫经过一段时间的取食,约在 4 月上中旬体积迅速
膨大,体色由嫩绿变为深棕褐色,背上出现黑褐色圆斑。雄成
虫约在 4 月上旬开始羽化,4 月下旬为羽化盛期。雄成虫羽化
后即可交尾,寿命约 2.5 天。经交尾后的雌成虫开始孕卵。从
5 月中旬开始,卵在母体内孵化,5 月下旬为孵化盛期。初孵若

虫从母体钻出,在树上爬行分散,以 2～3 年生枝条上的虫量最多。经 2～3 天后若虫固定下来寄生为害,固定以后的若虫身体逐渐长大,并在胸部两侧出现一些白色蜡粉。从 6 月中旬开始,1 龄若虫蜕皮变为 2 龄,取食一段时间后开始越夏、越冬。

在田间,老栗树受害较重,树冠下部的枝条和徒长枝上的虫口密度比其他部位枝条上大。栗绛蚧的天敌主要有黑缘红瓢虫、两种寄生蜂(小蜂)和芽枝状芽孢霉菌。这些天敌对栗绛蚧的发生起着明显的抑制作用。

【防治方法】

(1)人工防治　在春季,当虫体膨大明显可见时,可用旧抹布或戴上帆布手套捋虫枝,消灭虫体。

(2)药剂防治　①树上喷药。栗绛蚧卵期比较集中,若虫孵化期比较一致(5 月中下旬)。初孵若虫体壁薄,抗药力弱,并有爬行习性。在这段时间内喷药,可收到较好的防治效果。常用药剂有 2.5%溴氰菊酯乳油 3 000 倍液,40%氧化乐果乳油 500 倍液,20%杀灭菊酯乳油 3 000 倍液,50%对硫磷乳油 1 000 倍液。②药剂涂树干。用利刀在树干两侧各刮除一块树皮,露出韧皮部,用脱脂棉或卫生纸浸蘸 40%乐果乳油,贴在刮皮处,外面用塑料薄膜包扎即可。

(六)日本蜡蚧

日本蜡蚧又叫日本龟蜡蚧,属同翅目,蜡蚧科。分布于我国华北地区及其以南的黄河、长江流域果产区。寄主有枣、栗、柿、石榴和蔷薇科果树等。以若虫和雌成虫为害枝条和叶片。

【为害状】

若虫和成虫群集在枝条和叶片上吸食汁液,并排泄蜜露引起霉菌滋生。受害严重时枝条枯死,树势衰弱。

【形态特征】

(1)成虫 雌雄异型。雌虫体长 1.5～5.0 毫米,椭圆形,淡褐色至暗紫红色。触角丝状,多数为 6 节。口器发达,伸达中足基节之间。足发达。体背包有白色蜡壳,蜡壳中央隆起,表面有龟甲状凹纹,边缘蜡层厚且弯卷。活虫蜡壳背面淡红色,边缘乳白色,死虫淡红色消失。雄虫有一对翅,体长约 1 毫米,淡红色至紫褐色。复眼黑色,触角丝状。翅白色透明,有两条翅脉(插页 10 彩图)。

(2)卵 椭圆形,长 0.2～0.3 毫米。初期为淡橙黄色,孵化前变为紫红色。

(3)若虫 初孵若虫椭圆形,扁平,长约 0.5 毫米,淡红褐色。复眼深红色,触角丝状,腹部末端有一对长毛,蜡壳边缘有12～15 个蜡角。后期的雌性若虫与成虫相似。雄性蜡壳长椭圆形,边缘有 13 个蜡角,呈星芒状排列。

(4)蛹 仅雄虫有蛹。裸蛹,梭形,长约 1 毫米,棕褐色。

【发生规律和习性】

日本蜡蚧 1 年 1 代,以受精雌成虫在枝条上越冬。在山东,越冬雌成虫于 3 月下旬开始发育,4 月中旬虫体迅速增大,5 月底至 6 月初开始产卵,每头雌成虫产卵 1 000～2 000粒,卵产于母体介壳下。成虫产完卵后即死亡。6 月中旬为产卵盛期,7 月中旬为产卵末期,卵期约 20 天。6 月中下旬若虫开始孵化,7 月上中旬为孵化盛期,7 月底孵化结束。大部分初孵若虫爬到叶面上固定取食为害。经 12～24 小时开始分泌蜡丝,7～10 天即形成蜡壳。到 7 月底至 8 月初可辨别雌雄。8 月下旬,雄虫开始化蛹,8 月底至 9 月初为化蛹盛期。蛹期约 20天。8 月中旬末始见雄成虫,9 月中旬为羽化盛期。雄成虫白天觅偶交尾,寿命 2 天左右。交尾后的雌成虫陆续由叶片上转移到枝条上越冬,转移盛期在 9 月上中旬。在浙江栗区,越冬雌成虫于 5 月初开始产卵,若虫于 6 月上中旬孵化,6 月下旬至 7 月初全部从母体介壳下爬出,到叶片上为害。7 月中旬开始迁回到枝条上,8 月下旬是转移盛期。日本蜡蚧的主要天敌有红点唇瓢虫和龟蜡蚧跳小蜂等。这些天敌对其发生有很好的控制作用。

【防治方法】

(1)**人工防治** 春季刮除或用手捋掉枝条上的越冬虫体,或剪除虫口密度较大的枝条。

(2)**药剂防治** 药剂防治的关键时期是若虫孵化盛期。此期若虫爬行分散,虫体无蜡质,接触药剂后易中毒死亡。常用药剂有 25%亚胺硫磷乳油 500 倍液,40%乐果乳油或 50%敌敌畏乳油 1 000 倍液,50%对硫磷乳油 1 500 倍液。

(3)**生物防治** 以保护天敌为主,在若虫固定并分泌蜡质以后,尽量不喷化学农药。

(七)草履硕蚧

草履硕蚧又叫草履蚧,属同翅目,硕蚧科。分布于我国辽宁、河北、山东、山西、江西、浙江、江苏、福建等省。寄主有核桃、板栗、梨、苹果、桃、柿等果树和杨、柳等林木。以若虫和雌成虫刺吸枝、干的汁液。

【为害状】

以若虫和成虫群集在树干、枝条和芽上为害。被害树发芽迟缓,叶片瘦黄,树势衰弱。

【形态特征】

(1)**成虫** 雌雄异型。雌虫体长约 10 毫米,无翅,扁椭圆形,近于鞋底状,淡灰褐色,背部稍隆起。头部龟甲状,口器黑色,伸向腹面足中间。触角丝状。3对胸足黑色,发达。腹部肥大,有横皱褶和纵沟。体被有白色蜡质分泌物,如一层白粉。雄虫有一对翅。体长约5毫米,翅展约10毫米。头和前胸黑色,复眼球形,黑色。触角念珠状,10节,黑色,各节环生细毛。翅紫黑色,前缘略带红色。胸足3对,黑色。腹部紫褐色,末端有4个刺状突起,腹面有一个突出的交尾器(插页10彩图)。

(2)卵　椭圆形,长约1.2毫米,淡黄褐色,有光泽,孵化前变为黑褐色。

(3)若虫　与雌成虫相似,但体小,体色较深。

(4)蛹　仅雄虫有蛹。裸蛹,圆筒形,长约5毫米,褐色,外被白色绵状物。

【发生规律和习性】
草履硕蚧1年1代,以卵和初孵若虫在树干基部附近的土中或砖石块下越冬。越冬卵在1～2月份孵化。初孵若虫先暂栖于卵囊内,当气温升高、树液开始流动时便开始出土。在河南省许昌地区,若虫出土期在2月中旬至3月上旬;在河北省昌黎县,出土期在3月上旬至下旬。若虫出土后陆续上树,多在嫩枝、芽上为害,喜欢在树皮缝和枝杈等隐蔽处群栖。稍大的若虫多集中在较粗的枝条或主干阴面为害。1龄若虫期长达70～90天,经第一次脱皮后虫体迅速增大,并分泌粘液和白色蜡质。第二次脱皮后开始雌雄分化。雄若虫开始下树,寻找树皮缝、土石缝等隐蔽处做薄茧化蛹。4月中下旬为化蛹期,蛹期约10天。4月下旬至5月上旬为成虫羽化期。雄成虫羽化后即可交尾,寿命10天左右。雌若虫经第三次脱皮后变为成虫,继续为害。经交尾后的雌成虫从5月下旬开始陆续下树,多集中在树干基部附近的土石块缝隙内,分泌蜡丝形成卵囊,产卵其中。雌虫产卵后便死亡。草履蚧的天敌是黑缘红瓢虫和大红瓢虫,对其应加以保护利用。

【防治方法】

(1)人工防治 ①早春果树发芽前,在树干基部绑塑料布环,上部用绳扎紧,下部用土埋住,以阻止若虫上树。②秋季或早春耕翻树盘,可破坏土中的卵囊,消灭越冬卵。

(2)药剂防治 果树发芽后结合防治其他害虫,喷药防治已上树的若虫。常用药剂有50%敌敌畏乳油1000倍液,20%杀灭菊酯乳油3000倍液,50%对硫磷乳油1500倍液,40%乐果乳油800倍液。

(八)吹绵蚧

吹绵蚧又叫绵团蚧、吐絮蚧,属同翅目,硕蚧科。在我国除西北地区外,各省都有发生。寄主繁多,果树中有柑橘、苹果、梨、桃、葡萄、栗、石榴等,林木中有桑树、松树、桉树、刺槐等,以及车前草等草本植物约100多种,属多食性害虫。

【为害状】

若虫和成虫群集于枝、芽、叶上为害,并排泄蜜露诱致霉病,影响光合作用,使树势衰弱,甚至枯死。

【形态特征】

(1)成虫 雌雄异型。雌成虫椭圆形,体长5~7毫米,红褐色,密生微细黑毛,背面隆起呈龟甲状,多皱纹,被白色粉状蜡质物和细长透明的蜡丝。触角、复眼、口器和足均为黑色。未成熟的雌成虫无卵囊,成熟成虫在腹部后方分泌白色蜡质物,形成半卵形或长形隆起的卵囊,长6~8毫米,其上有隆脊状纵线14~16条。雄虫有一对翅,体长约3毫米,翅展约8毫米。触角近于念珠状,各节生环毛。口器退化。胸部黑色,翅紫黑色。腹部橘红色,末端有两个肉质突起,其上各有4根长毛。

(2)卵 长椭圆形,长约0.7毫米。初产时橙黄色,渐变为橘黄色,密集在卵囊内。

(3)若虫 椭圆形,复眼、触角、足均为黑色,腹部末端有6根长毛。1龄若虫体背面红色,2龄红褐色,3龄橘红色(图13)。

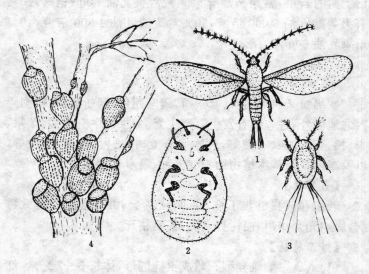

图13 吹绵蚧

1. 雄成虫 2. 雌成虫腹面 3. 若虫 4. 为害状

(4)蛹 仅雄虫有蛹。椭圆形,长约3.5毫米,橘红色。眼、触角、翅芽、足均为淡褐色。腹部末端凹陷成叉状。

(5)茧 长椭圆形,由白色疏松的蜡丝组成,被白色蜡粉。

【发生规律和习性】

吹绵蚧在各地发生代数不同。在华南及四川东南部和云南 1 年 3~4 代,在长江流域及四川西北部和陕西南部 2~3 代,在华北 2 代。在 3~4 代的地区,以成虫、卵和各龄若虫在主干和枝、叶上越冬。在江西栗产区,1 年 2 代或 3 代,以若虫和成虫越冬。第一代成虫发生期在 6 月中下旬,第二代成虫发生期在 9 月上中旬,9 月下旬到 11 月下旬部分发生第三代。全年 5~6 月份为猖獗为害期。成虫产卵于卵囊内。若虫孵化后在卵囊内停留一段时间,然后分散到枝、叶、树干上固定为害,直至变为成虫。

吹绵蚧繁殖力极强,适应性广,有些国家已将其列为检疫对象。在我国南方发生为害较北方严重。吹绵蚧的天敌较多,主要种类有澳洲瓢虫和大红瓢虫,都能明显抑制其发生。

【防治方法】

(1)人工防治 在栽树或采接穗时,要严格检查枝条上是否有吹绵蚧,如发现有虫要对苗木进行消毒。方法参考栗链蚧。

(2)生物防治 除了保护自然天敌如各种有益瓢虫以外,在发生量大时,可引进和释放澳洲瓢虫。在喷药时应注意保护这些天敌。

(3)药剂防治 在瓢虫很少或吹绵蚧发生量大的情况下,于各代若虫孵化后分散为害期喷药防治。常用药剂有 40%水胺硫磷乳油 2 000 倍液,40%氧化乐果或乐果乳油 1 000 倍液,50%马拉硫磷乳油 800 倍液,50%磷胺乳油 1 000 倍液。

(九) 板栗大蚜

板栗大蚜又叫栗大蚜、栗大黑蚜,属同翅目,大蚜科。分布于我国辽宁、河北、河南、山东、江苏、浙江、江西、湖南、四川、广东、台湾等省。寄主有板栗、白栎、柞、麻栎等果树和林木。

【为害状】

成虫和若虫群集在嫩枝、新梢和叶片背面刺吸汁液，影响新梢生长和栗果成熟。

【形态特征】

(1)成虫　有无翅和有翅两种类型。无翅胎生雌蚜体长约3.5毫米，黑色，略有光泽，密生细毛。头、胸部窄小，腹部肥大，呈洋梨形。触角丝状。足细长，褐色，腿节基部、跗节大部为黄褐色，跗节端部色较深。腹管短小，尾片半圆形，其上生短刚毛(插页11彩图)。有翅胎生雌蚜体长约4毫米，翅展约13毫米。体黑色，密被细短毛，腹部色稍淡。翅褐色，翅脉黑色。前翅端半部有3个白斑，其中两个位于前缘近顶角处。腹管短小，呈突起状。尾片同无翅胎生雌蚜。

(2)卵　长椭圆形，长约1.5毫米，暗褐色或黑色，有光泽。

(3)若虫　体形与无翅胎生雌蚜相似，但体小，体色淡，黄褐色或黑色。有翅蚜若虫胸部发达，生长后期长出翅芽。

【发生规律和习性】

板栗大蚜1年多代，以卵在树皮缝隙、翘皮下越冬，树干背阴面较多，常数百粒至上千粒单层排列成块。第二年4月上旬孵化为无翅胎生雌蚜，群集在嫩梢上为害、繁殖。到5月份，蚜虫数量增加很快，并产生有翅胎生雌蚜，迁飞扩散到其他枝叶上为害、繁殖，到8月份，大部分蚜虫群集在嫩枝上或栗蓬针刺间刺吸汁液。到10月份产生有性蚜，雌雄交尾后产卵，产卵期在11月份。板栗大蚜的天敌有各种捕食性瓢虫、草蛉、食蚜蝇、蚜茧蜂等。

【防治方法】

(1)人工防治　在发生量大的情况下,栗树冬剪时注意刮除树皮缝、翘皮下的越冬卵块。

(2)生物防治　注意保护和利用各种捕食性瓢虫、草蛉等天敌。

(3)药剂防治　①在虫口基数大的年份,于春季越冬卵孵化期喷药防治。常用药剂有50%敌敌畏乳油1500倍液,40%乐果乳油1000倍液,50%久效磷乳油2000倍液,20%杀灭菊酯乳油3000倍液。②在幼树上,可用40%氧化乐果乳油10倍液,在树干上涂成药环,利用药剂的内吸作用杀死害虫。

(十)巢 沫 蝉

巢沫蝉属同翅目,沫蝉科。据周体英等报道,巢沫蝉在我国安徽省岳西县严重为害板栗,虫株率达90%,单株虫口密度一百至上千头,造成板栗枝条死亡率为18.5%~85.7%,栗实减产达27.5%。

【为害状】

若虫刺吸嫩枝和球果的汁液,被害处外表无症状,但树体衰弱。成虫用口器刺破嫩枝表皮,吸取汁液,被害处表皮破裂,导致枝条死亡。成虫产卵时,造成产卵处的芽鳞和枝条表皮略有胀开的裂痕。

【形态特征】

(1)成虫　雌成虫体长5.0~5.6毫米,雄成虫体长3~5毫米,淡绿色,腹面淡褐色。头圆形,触角刚毛状。单眼两个,暗红色。复眼褐色。口针约为体长的2/3,端部平钝。前胸背板宽大,中间稍隆起,中胸小盾片较大,楔形。前翅革质,布满黑点。后翅膜质,无色透明。

（2）卵　长茄子形，长 0.8～1.2 毫米。初产时乳白色，以后逐渐变为淡灰色。

（3）若虫　低龄若虫红色或橘黄色，老熟若虫墨绿色，腹部浅黄色。3 龄若虫露出触角和翅芽，口针与体等长，腹部末端略翘起（图 14）。

【发生规律和习性】

巢沫蝉在安徽省岳西 1 年 2 代，以卵在当年生枝条皮层和芽腋内越冬。越冬卵从 4 月中旬开始孵化，5 月份是孵化盛期。初孵若虫用口针刺入嫩梢吸取汁液，从肛门处分泌泡沫，

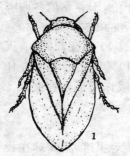
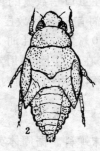

图 14　巢沫蝉　（仿周体英等）
1. 成虫　2. 若虫

若虫群集于泡沫内为害，2 龄以后开始分散活动。随着若虫的生长，虫体分泌的泡沫逐渐增多，泡沫干后形成石灰质巢管，若虫居于管内为害。4 龄若虫可转梢为害，同时做新巢。若虫老熟后变为成虫，第一代成虫发生期在 6 月份。雄成虫羽化后在枝条上来回爬行，用前足敲打雌虫巢管，待雌虫出巢后交尾。成虫用口针刺破嫩枝皮层吸取汁液，以补充营养。成虫主要产卵于栗芽鳞片下，卵呈香蕉形排列，一部分卵产于嫩枝皮层或芽腋间。成虫产卵时排泄少量泡沫，干后即附着在卵的周围。成虫能跳跃，寿命 20 余天。第二代若虫发生初期在 6 月下旬，盛期在 7 月份。第二代成虫发生盛期在 8 月份。

【防治方法】

（1）**人工防治**　冬剪时剪掉着卵较多的小枝，集中烧毁，消灭越冬卵。

（2）**药剂防治**　在若虫孵化初期和分散转移期可喷药防治。常用药剂有50％杀螟松乳油1 000倍液，25％杀虫双水剂800倍液。

（十一）栗透翅蛾

栗透翅蛾又叫板栗透翅蛾、赤腰透翅蛾，属鳞翅目，透翅蛾科。分布于我国河北、山东、山西、河南、江西、浙江等省栗产区。寄主主要是板栗，也可为害锥栗和毛栗。在山东栗产区，干径20厘米以上的大栗树受害株率达33.8％；在河北省兴隆栗产区，受害严重的栗园被害株率高达92％，死树2％。栗透翅蛾是板栗的一种主要害虫。

【为害状】

幼虫在树干的韧皮部和木质部之间串食，造成不规则的蛀道，其中堆有褐色虫粪。被害处表皮肿胀隆起，皮层开裂。当蛀道环绕树干一周时，则导致树体死亡。

【形态特征】

（1）**成虫**　体长12～21毫米，翅展37～42毫米，形似胡蜂。触角端部细，基半部橘黄色，端半部赤褐色，顶端有一毛束。头部、下唇须、中胸背面均为橘黄色。腹部第一、四、五节背面均有橘黄色横带，第二、三腹节为赤褐色。翅透明，翅脉和缘毛均为茶褐色。足黄褐色，中、后足胫节具黑褐色长毛。雄虫体型略小，腹部第四、五节颜色稍暗，末端具红褐色丛毛。

（2）**卵**　略呈卵圆形，稍扁，一端平齐，长约0.9毫米，淡红褐色。

（3）幼虫　初孵幼虫体长约 1.1 毫米,老熟幼虫体长 40～42 毫米,乳白色。头部褐色,前胸背板淡褐色,有一褐色倒"八"字形纹。臀板褐色,末端稍向前弯曲(图 15)。

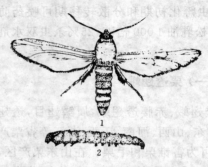

图 15　栗透翅蛾
1. 成虫　2. 幼虫

（4）蛹　体长 14～18 毫米,黄褐色。体两端略向下弯。腹部背面第四至七节各有 2 排小刺。

（5）茧　纺锤形,丝质,较厚。

【**发生规律和习性**】栗透翅蛾一般 1 年 1 代,少数地区 2 年完成 1 代。多数以 2 龄幼虫在被害处皮层下越冬。翌春当气温达 3℃ 以上时,越冬幼虫开始出蛰。在山东栗产区,越冬幼虫于 3 月上旬出蛰,3 月中旬为出蛰盛期,3 月下旬结束。幼虫出蛰后 2～5 天即开始取食,5～7 月份为幼虫为害盛期。幼虫老熟后,向树干外皮咬一个直径 5～6 毫米的圆形羽化孔,然后在羽化孔下部吐丝连缀木屑和粪便结茧化蛹。幼虫为害部位不同,化蛹早晚也有差异,阳面比阴面早半月左右,在树干中、下部为害的幼虫比上部的幼虫早 15～20 天。幼虫化蛹期在 7 月中下旬。蛹期 20～25 天。成虫于 8 月中旬开始羽化。成虫羽化前,蛹体露出羽化孔 1/3～1/2。成虫白天活动,低温和高湿对其活动不利。成虫产卵于树干的粗皮缝、伤口和虫孔附近等粗糙处,产卵盛期在 8 月下旬。卵散产,主干下部着卵量明显多于上部。每头雌成虫可产卵 300～400 粒,卵期 10 天左右。从 8 月下旬开始就有幼虫孵化,一直延续到 10 月中旬。初孵幼虫爬行很快,能迅速找到合适部位蛀入树皮。幼虫为害 30 天左右,以 2 龄幼虫在蛀道一侧或一端做一越冬虫室越冬。栗透翅蛾为害有一定的特点。老树比幼树受害重,树干下部比上部受害重。

【防治方法】

(1)人工防治和农业防治 ①在幼虫孵化期,用刀刮除距地面 1 米以内主干上的粗皮,集中烧掉,能消灭其中的幼虫和卵。刮皮后最好再喷 1 次杀虫剂。②发现树干上有幼虫为害时,及时用刀刮除幼虫。③成虫产卵以前,在树干上涂白涂剂,可阻止成虫产卵。④加强栗树栽培管理,增强树势,避免在树体上造成伤口。

(2)药剂防治 在成虫产卵和幼虫孵化期往树干上喷药,可杀死卵和初孵幼虫。常用药剂有 50%对硫磷乳油,50%马拉硫磷乳油,50%杀螟松乳油,20%杀灭菊酯乳油等,均为1 000倍液。

(十二)板栗兴透翅蛾

板栗兴透翅蛾属鳞翅目,透翅蛾科。据刘惠英等报道,在我国河北省板栗树上发生的两种透翅蛾中,板栗兴透翅蛾占90%以上。

【为害状】

幼虫从树干伤口或裂皮缝处蛀入韧皮部。在韧皮部和木质部之间向上下左右串食,成片状为害。初期树皮发红而鼓起,以后逐渐膨胀纵裂,从裂缝中露出褐色虫粪,并以丝连缀。经长期雨淋日洒,裂缝处树皮干枯脱落,形成伤疤。由于连年为害,被害树皮大部分受伤,有时蛀道连通一周,造成栗树死亡。

【形态特征】

(1)成虫　体长7～10毫米,翅展13～17毫米。体黑色,有光泽。触角黑色,棒状,端部稍弯曲。雄蛾触角栉齿状。下唇须腹面密布黄色鳞片。胸部黑色,中胸侧面各有一块黄色鳞斑。前翅狭长,透明,翅脉黑色,中室外方有一个长方形黑斑。后翅透明。腹部圆筒形,尾部略细,第一节侧面有少量黄色鳞毛,第二至六节后缘有一周橙黄色鳞毛。雌蛾腹部第四节黄色带较宽而鲜艳,腹末毛束呈刷状。雄蛾腹末的毛束呈箭头状。中足胫节末端有一长距,后足胫节两侧各有两根长短不同的距。

(2)卵　卵圆形,黑褐色,表面有网状花纹。

(3)幼虫　初孵幼虫体长0.9毫米,体白色,半透明。头大,淡黄褐色,头部两侧各有一个红褐色斑点。体生细长刚毛。老熟幼虫体长约14毫米,乳白色。头部褐色。前胸背板略骨化,淡褐色,并有倒"八"字形褐色纹。胸足浅黄褐色。臀板黄白色,有褐色雾点。腹足趾钩单序二横带,每带9～13根。臀足趾钩仅一列,8～11根。

(4)蛹　体长5～8毫米,黄褐色。腹部第三至第七节背面各有两排小刺,第八至第九节各有一排。

【发生规律和习性】

板栗兴透翅蛾1年2代,以2龄以上的幼虫在为害处结椭圆形薄茧越冬。翌年4月初,越冬幼虫开始活动,继续向周围蛀食,造成较大的虫疤。一个虫疤内最多有幼虫20～30头。幼虫老熟后爬出蛀道,在破裂的虫疤下面或树皮缝中结纺锤形茧化蛹,茧外粘有褐色虫粪。成虫白天活动,夜间在树干或叶片上静伏,产卵于树皮缝隙、伤口或旧虫斑附近。幼虫孵化后即可蛀入为害。第一代幼虫从5月底开始孵化,孵化盛期在

6月下旬。第二代幼虫从8月上旬开始孵化,盛期在8月中下旬。幼虫为害至11月上旬即开始越冬。

已发现板栗兴透翅蛾幼虫阶段有3种寄生性天敌,即绒茧蜂、寄蝇和中华棱角肿腿蜂,自然界寄生率较高。另外,树林中的啄木鸟对透翅蛾幼虫的捕食量较大,应加以保护利用。

【防治方法】

参考栗透翅蛾防治。

(十三)黑赤腰透翅蛾

黑赤腰透翅蛾属鳞翅目,透翅蛾科。它是国内新记录种。据王云尊报道,系1979年在山东省日照市甲子山板栗树上首次发现。

【为害状】

幼虫在直径3厘米以上的大枝上蛀食韧皮部,形成大面积虫斑。大龄幼虫还可在木质部浅层蛀食,形成蛀道。韧皮部被蛀透后有少量虫粪被挤出老皮外。成虫羽化孔和隧道洞口均有丝网并粘有少量粪粒。被害枝生长衰弱,严重时枯死。

【形态特征】

(1)成虫　体黑色,腹部背面第三节被赤褐色鳞毛,故称黑赤腰透翅蛾。雌虫体长20~24毫米,头顶由着生于颈部的一排橘红色鳞毛向前覆盖。下唇须橘黄色。触角棍棒状,端部尖细,稍向外弯曲。腹部末节具橘黄色毛丛,末端整齐。3对足均具橘红色鳞毛。雄虫体略小。触角丝状,下唇须黑色混有黄色或橘黄色的鳞毛。腹部末节具黄、黑色相间的毛丛,两侧各有一束刷状鳞毛。

(2)卵　扁椭圆形,长0.9~1.0毫米,紫褐色,有网状花纹。

（3）幼虫 老熟幼虫体长26～42毫米，污白色。头部栗褐色，前胸背板淡黄色。腹足趾钩单序二横带，臀足趾钩为单序中带（图16）。

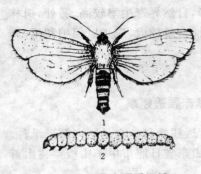

图16 黑赤腰透翅蛾
1. 雄成虫 2. 幼虫

（4）蛹 体长14～24毫米，深褐色，羽化前腹部各节有黑色环带。腹部各节有横排倒刺，腹末有臀棘。

【发生规律和习性】
黑赤腰透翅蛾在山东省日照市1年1代，以2龄幼虫在为害处越冬。翌年3月上中旬，当旬平均气温在3℃以上时，越冬幼虫开始活动。被害处树皮呈黄褐色，并有新鲜粪便排出，此时是药剂涂刷虫斑的有利时机。到4～5月份，蛀道逐渐加宽，幼虫向韧皮部深层蛀入，达到木质部表面纵横串食。6～7月份，大部分幼虫蛀入到木质部表层为害。幼虫老熟时，已将大块树皮蛀空，化蛹前向外咬一圆形羽化孔，在隧道内吐丝连缀木屑做蛹室化蛹。9月下旬出现成虫，成虫多在白天活动，产卵于树枝粗皮裂缝、翘皮下、伤口、病疤、虫斑等处。在幼树上，成虫产卵于主干和分杈处的粗皮上。幼虫孵化后即蛀入韧皮部表面潜食，为害一段时间后即越冬。

【防治方法】
（1）农业防治 加强栗树栽培管理，及时防治枝干病虫害，减少树体伤口，以减少成虫产卵。
（2）药剂防治 ①防治幼虫要抓住两个时期：一是春季越

冬幼虫开始活动期;二是幼虫孵化期。在这两个时期,要寻找受害部位,用80%敌敌畏乳油和煤油按1:30的比例,或与柴油按1:20的比例制成药油混合液,涂刷虫斑,杀虫率可达90%。在5～7月份要经常检查,发现虫斑后仍用药液涂刷。②在成虫羽化盛期,可喷布80%敌敌畏乳油或40%氧化乐果乳油1 000倍液,消灭成虫。

（十四）云斑天牛

云斑天牛又叫白条天牛,分布于全国各地。

【为害状】

天牛是为害板栗树的一类主要蛀干害虫,主要种类有云斑天牛、黑星天牛、粒肩天牛、星天牛、栗山天牛、薄翅锯天牛、四星栗天牛、栗红天牛等,同属鞘翅目,天牛科。我国各板栗产区都有天牛分布,在不同地区发生的种类有所不同,有的种类分布范围较广,但为害程度不大,有的种类分布范围小,但为害程度却大。天牛的寄主范围很广,除果树外,还有多种林木,是造成果树和林木死亡的一类重要害虫。

幼虫蛀食树干或枝条,由皮层逐渐深入到木质部,造成各种形状的隧道,其内充满虫粪或木屑。有的种类在蛀道内向外咬通气孔,并由此排出木屑和虫粪。成虫可啃食枝条皮层或取食叶片。被害树树势衰弱,枝条枯死,严重时整树死亡。

【形态特征】

（1）成虫　体长32～97毫米,宽9～22毫米,黑色或黑褐色,密被灰褐色或黄色绒毛。头部中央有一条纵沟。触角丝状,11节。雌虫触角略长于身体,雄虫触角长于身体3～4节。前胸背板中间有一对略呈长方形的黄白色毛斑,两侧各有一个向外延伸的刺突。中胸小盾片密被黄白色毛。鞘翅基部密被黑色颗粒状突起,肩刺向上翘,鞘翅上有不规则形的灰黄色云状斑。3对足发达,灰褐色(插页11彩图)。

(2)卵　长椭圆形,略弯曲,长7～9毫米,初期为白色,渐变为土黄色至浅褐色。

(3)幼虫　老熟幼虫体长74～100毫米,体形略扁,乳白色或黄白色。头部扁平,长方形,深褐色,有一半缩入前胸内。前胸背板略呈方形,橙黄色,其上有黑色刻点。腹部各节背面有略呈长方形的突起。

(4)蛹　离蛹,体长40～90毫米。初期为乳白色,逐渐变为淡黄色或褐色。触角卷曲在胸部腹面。

【发生规律和习性】

云斑天牛2～3年完成1代,以成虫或幼虫在隧道内越冬。5～6月份越冬成虫钻出树干,昼夜均可活动取食,早晚活动最盛。成虫有趋光性,飞行力弱,受震动易落地爬行。交尾后的成虫多产卵于树干上。成虫产卵时先在树皮上咬一个有蚕豆粒大小的窝,产卵于其中,每穴1粒,然后用木屑堵住产卵口。幼虫孵化后即蛀入树皮内,先在皮下蛀食,从蛀孔处排出木屑和虫粪。树皮表面肿胀纵裂。随着幼虫生长,逐渐向木质部蛀入。幼虫为害到秋后便在隧道内越冬。从翌年4月开始,继续在隧道内为害,9～10月份幼虫老熟后在隧道内做蛹室化蛹,成虫羽化后在此越冬,于第三年5～6月份钻出树干。在云南省滇中地区,越冬成虫于5月中旬钻出树干,5月下旬至6月下旬为成虫活动盛期,6月份为产卵期和幼虫孵化期,第二年7～8月份为化蛹期,9月下旬成虫羽化。成虫喜欢产卵于直径为5～7厘米粗的枝干上。

【防治方法】

(1)人工防治　①利用成虫受震动落地的习性,在成虫发生期摇树捕杀成虫。②在成虫产卵期,发现树干上有成虫产卵痕时,用石块砸碎其中的卵。③发现有幼虫粪便排出时,用细铁丝刺死其中的幼虫。④在成虫产卵期,在树干上涂白涂剂,对防止成虫产卵有一定作用。

(2)药剂防治 于幼虫发生期,在树干上找到蛀孔或在树皮肿胀处刮皮找到蛀道,将蛀孔或蛀道内的木屑和虫粪掏出,然后塞入 56%磷化铝片剂 1/10 片或浸有 80%敌敌畏乳油20 倍液的棉球,用泥土封闭蛀孔,熏杀幼虫。也可以用兽用注射器将药液注入蛀道内,用黄泥封闭蛀孔,防治效果较好。

(十五)黑星天牛

黑星天牛分布于我国河北、河南、江苏、浙江、湖北、广西、江西等省、自治区。据吕其豪报道,在浙江省长兴县板栗产区发生严重,板栗受害株率为 38%～65%,曾一度被迫砍树。

【为害状】
同云斑天牛。

【形态特征】
(1)成虫 体粗壮,漆黑色,有光泽。雌虫体长 35～45 毫米。触角粗壮,略显黑褐色,长于身体 3 节。前胸背板宽大于长,侧刺突粗壮,顶端尖锐。中胸小盾片舌形。鞘翅长,肩较宽。腹部末节外露。雄虫体长 28～39 毫米。触角长于身体 5 节。腹末全部被鞘翅覆盖(图 17)。

(2)卵 长卵圆形,长 8.0～9.2 毫米,宽约 2 毫米,两端略细而圆,中间稍弯。初产时为白色,孵化前逐渐变黄。

(3)幼虫 初孵幼虫体长约 10 毫米,乳白色。头部褐色。老熟幼虫体长 47～58 毫米,黄白色。头褐色,前缘黑褐色。前胸背板棕褐色,后缘有"凸"字形骨化棕色纹。

图17 黑星天牛成虫
（仿吕其豪）

(4)**蛹** 体长 30～46 毫米，白色，纺锤形。

【**发生规律和习性**】

黑星天牛在浙江省长兴县 2～3 年 1 代，以 3 年 1 代为主，以幼虫在隧道内越冬。成虫发生期在 6 月中旬至 8 月上旬，盛期在 7 月上旬。成虫羽化后在蛹室内停留数天，向外咬羽化孔飞出，出孔时间大多在晚上和清晨。成虫飞行力弱，白天多在树干基部爬行或在树干上静伏，常啃食嫩枝皮，造成枝条死亡。成虫交尾后即可产卵，产卵部位多在 1 米以下的主干上。成虫产卵前在树皮上咬一横槽，产卵其中。卵期 20 天左右。幼虫孵化后 10 余天即蛀入树皮取食韧皮部，造成横向蛀道，在被害处下方有排粪孔，从孔中排出新鲜虫粪。在春末夏初，长大后的幼虫蛀入木质部，从排粪孔排出的木屑和虫粪堆积于地面。到了秋季，未成熟的幼虫即在隧道内越冬，翌年继续为害。幼虫老熟后多已钻入主干髓部，在此做蛹室化蛹，幼虫化蛹期在 4 月底至 5 月初。蛹期约 1 个月。

【**防治方法**】

(1)人工防治 ①在成虫发生期，利用成虫不善飞行的习性，人工捕捉成虫，能收到很好的防治效果。②在成虫产卵期，经常检查树干上有无成虫的产卵痕，发现后可用小刀刮除或刺破卵粒。③发现树干上有排粪孔时，用铁丝掏出虫粪和木屑，刺死其中的幼虫。

(2)药剂防治 药剂防治的重点是向隧道内注药，消灭已蛀入木质部的幼虫。方法是先从排粪孔清除隧道中的木屑,然后注入80%敌敌畏乳油或40%乐果乳油50倍液2毫升,熏杀其中的幼虫。

(十六)粒肩天牛

粒肩天牛又叫桑天牛、桑干天牛。我国各地都有分布。

【为害状】

同云斑天牛。

【形态特征】

(1)成虫 体长25~51毫米,宽8~16毫米。黑色或黑褐色,密被黄褐色绒毛。头顶和前胸背板中央有一条纵沟。触角丝状,11节。雌虫触角略长于身体,雄虫触角长于身体2节或3节。第一、二节褐色,其余各节基半部灰白色,端半部褐色。前胸背板前缘和后缘有横皱褶,两侧有明显的刺突。鞘翅基部密布黑色颗粒状刻点,翅端部内外角均有刺突(插页11彩图)。

(2)卵 长椭圆形,长6~7毫米,稍弯曲,初期为乳白色,以后变为淡褐色。

(3)幼虫 老熟幼虫体长60~70毫米,圆筒形,乳白色。头部黄褐色,大部分缩在前胸内。胸部略呈方形,背板上密生黄褐色刚毛,后半部密生赤褐色颗粒状小点并有"小"字形凹纹。无足。

(4)蛹 裸蛹,体长30~50毫米,纺锤形,初期为淡黄色,以后变为黄褐色。

【发生规律和习性】

粒肩天牛在北方2~3年1代,在广东地区1年1代,以幼虫在被害枝干内越冬。在北方,幼虫于6~7月间老熟,在隧道内做蛹室化蛹。蛹期 15～20 天。成虫羽化后先在蛹室内停息 1 周左右,向外咬一羽化孔钻出,7～8 月份为成虫发生盛期。成虫多在早、晚活动,经多次大食量地补充营养后才产卵,卵多产于 2～4 年生、直径在 10 毫米以上的枝条上,以枝条基部和中部较多。幼虫孵化后先在韧皮部和木质部之间蛀食,以后逐渐蛀入木质部,直至髓部。小幼虫在隧道内每隔 5～6 厘米向外咬一个排粪孔,随虫体生长,排粪孔之间的距离增大,从中排出木屑和粪便。幼虫一生可钻蛀隧道长达 2 米。隧道内无虫粪和木屑。

【防治方法】

及时剪除被害枝条,集中烧掉,消灭其中的幼虫。其他防治方法参考云斑天牛。

(十七)星 天 牛

星天牛又叫白星天牛。在我国除黑龙江、吉林、内蒙古等省、自治区以外,全国各地都有分布。

【为害状】

同云斑天牛。

【形态特征】

(1)成虫 体长 19～39 毫米,宽 6.0～13.5 毫米。漆黑色,略有光泽。头部中央有纵沟。触角丝状,11 节,鞭节各节基半部灰白色。雌虫触角长出身体 3 节,雄虫触角长出身体 5 节。前胸背板两侧的刺状突明显。鞘翅基部密布颗粒状突起,翅面上散布大小不等的灰白色毛斑,约 20 余个(插页 11 彩图)。

(2)卵 椭圆形,长 5～6 毫米。初期为黄白色,以后变成黄褐色。

（3）幼虫　老熟幼虫体长 45～65 毫米,乳白色。头大而扁平,黄褐色。前胸背板宽大,后半部有"凸"字形深褐色斑纹。腹部各节分节明显,有横皱褶(插页 12 彩图)。

（4）蛹　裸蛹,体长 20～24 毫米,初期为乳白色,羽化前变为黑褐色。

【发生规律和习性】

星天牛 1～2 年 1 代,以幼虫在隧道内越冬。从 4 月份开始陆续化蛹。蛹期 30～45 天。5 月中下旬为成虫羽化期。成虫羽化后在蛹室内停留数天,向外咬羽化孔钻出。成虫白天活动,中午前后活动较多,在树上啃食枝条的嫩皮或芽。6～7 月份为成虫发生盛期。成虫多产卵于距地面 1 米以内的树干上。幼虫孵化后在韧皮部盘旋蛀食,向外咬一通气排粪孔,隧道内充满粪便和木屑。幼虫从 11 月份开始越冬。在江西省板栗产区,越冬幼虫于 4 月上旬开始化蛹,5 月中旬出现成虫。成虫从 6 月初开始产卵,6 月中旬幼虫孵化,到 8 月下旬幼虫蛀入到木质部为害。

【防治方法】

参考云斑天牛的防治部分。

（十八）栗山天牛

栗山天牛又叫山天牛。分布于我国东北、华北地区及江苏、浙江、江西、福建、台湾、四川等省板栗产区,是板栗的主要害虫。

【为害状】

同云斑天牛。

【形态特征】

（1）成虫　体长 40～48 毫米,宽 10～15 毫米,体形略扁平,灰棕色或灰白色,密被棕黄色绒毛。头顶中央有一条较深的纵沟。复眼黑色。触角丝状,11节,约为体长的1.5倍。前胸两侧呈弧形,背面有许多横皱纹。足较长,密被灰白色毛。

(2)幼虫 老熟幼虫体长约70毫米,乳白色,疏生细毛。头小,淡黄色。上颚黑色。前胸背板淡褐色,两侧呈弧形,背面有两个"凹"字形横纹。腹部各节背面有椭圆形突起,无足。

(3)蛹 裸蛹,体长40～50毫米,初期为黄白色,以后逐渐变为黄褐色。

【发生规律和习性】

栗山天牛2～3年1代,以幼虫在被害枝干的隧道内越冬。越冬幼虫从4月份开始继续为害,老熟幼虫在隧道内做蛹室化蛹。成虫羽化后向外咬羽化孔钻出,7～8月份是成虫发生期。在幼树上,成虫喜欢产卵于树干的中下部;在老树上,则喜欢产卵于3米左右长的大枝上。幼虫孵化后先在皮层内蛀食,以后逐渐蛀入树皮下和木质部,在木质部内造成纵横回旋的隧道,并向外蛀有通气孔,由此排出粪便和木屑。幼虫为害至秋后在隧道内越冬。

【防治方法】

在幼树上,重点刮除主干中下部的卵和初孵幼虫;在老树上,除刮除卵和幼虫以外,结合老树更新,剪除被害严重的树枝。其他防治方法参考云斑天牛。

(十九)薄翅锯天牛

薄翅锯天牛又叫薄翅天牛。几乎分布于我国各地。

【为害状】

同云斑天牛。

【形态特征】

(1)成虫　体长 30～52 毫米,宽 8.5～14.5 毫米。体形略扁,赤褐色或暗褐色。头部密布颗粒状小点。上颚黑色。触角丝状,11 节。雄虫触角与体等长或略长于身体;雌虫触角短于身体,约伸达鞘翅后半部。前胸背板前缘窄,后缘宽,略呈梯形,背面密布刻点和灰黄色短毛。鞘翅上密布微细刻点,基部的较大,鞘翅上各有 3 条纵隆线。雌虫腹部末端有一个很长的伪产卵管。

(2)卵　长椭圆形,长约 4 毫米,乳白色。

(3)幼虫　老熟幼虫体长约 70 毫米,乳白色或淡黄色。头部褐色,大部分缩入前胸内。上颚和口器周围黑色。前胸宽大,背板淡黄色。腹部各节背面有椭圆形突起,其上有颗粒状小点。

(4)蛹　体长 35～55 毫米,初期为乳白色,渐变成黄褐色。

【发生规律和习性】

薄翅锯天牛 2～3 年 1 代,以幼虫在隧道内越冬。翌春栗树萌芽后越冬幼虫继续为害,老熟幼虫蛀食到离树皮较近处,蛀成椭圆形蛹室化蛹。成虫羽化后向外咬圆形羽化孔钻出。成虫发生期在 6～8 月份。成虫产卵于树皮缝隙内,尤以树皮受伤处和虫蛀处较多。幼虫孵化后即蛀入皮层,然后逐渐向木质部蛀食,自蛀孔处向上或向下蛀食,造成不规则隧道,其中充满虫粪和木屑。

【防治方法】

加强栗树栽培管理,增强树势,减少田间作业时对树体造成的伤口;及时清除树上的枯枝、衰弱枝,可减少成虫产卵。其他防治方法参考云斑天牛。

（二十）四星栗天牛

四星栗天牛又叫拟蜡天牛。分布于我国辽宁、河北、山东、安徽、江苏、浙江、江西、台湾、四川、云南、贵州等省。

【为害状】

同云斑天牛。

【形态特征】

成虫体长 8～13 毫米，宽 2～3 毫米，属小型种类。深红褐色或赤褐色，背面被稀疏淡黄色绒毛。头和前胸背板颜色较深，头顶具细密刻点。雄虫触角与体等长或稍长，雌虫触角短于身体。前胸背板圆筒形，中部稍宽。小盾片三角形，端角圆钝，鞘翅有光泽，翅中部黑色或棕黑色，在此深色区域内有前后两个黄色椭圆形斑。鞘翅上密布刻点，翅面上有少许金黄色竖毛，鞘翅末端呈锐圆形。

【发生规律】

四星栗天牛 1 年 1 代，以幼虫越冬，翌年 5 月份化蛹，6 月份羽化为成虫。成虫产卵于较细的树枝上。幼虫孵化后蛀入枝条为害。

【防治方法】

及时剪除幼虫为害的枝条。成虫发生期可结合防治其他害虫兼治。

（二十一）栗红天牛

栗红天牛在我国江西省板栗产区发生普遍，2 年 1 代，以幼虫和成虫在隧道内越冬。翌年 4 月中下旬，成虫从枝条内爬出活动，5 月上中旬开始产卵。卵产于小枝条的叶腋处。6 月上旬幼虫开始孵化，幼虫为害板栗新梢。

及时剪除被害枝条可减轻为害。成虫期结合防治其他害虫可兼治。

（二十二）板栗中沟象

板栗中沟象俗称蛀枝象，属鞘翅目，象虫科。分布于我国江苏、浙江、安徽等省栗产区。除为害板栗外，还为害茅栗。据戴法大报道，在江苏省溧阳部分栗园，板栗受害株率达63.3％，平均每树有虫4.5～18.0头。板栗中沟象是当地的一种主要枝干害虫。

【为害状】

幼虫蛀入枝条髓部为害，蛀道一般在蛀孔上方，长1～4厘米，蛀道内充满木屑，呈"活塞钉"状。枝条外观无异样，其髓部已被蛀空。被害枝生长势弱，易干枯或折断。

【形态特征】

（1）成虫　体长6～8毫米，深褐色。除头部以外，疏生短毛。头部光滑。喙黑色，细长，弯曲。触角膝状。胸部背面和鞘翅布满凹陷的刻点。鞘翅两侧各有9条平行纵条纹。近端部有间隔的灰白色斑纹。后足腿节端部膨大，呈棒状，刺突明显。

（2）卵　椭圆形，长约1毫米，乳黄色。

（3）幼虫　老熟幼虫体长5～9毫米，乳白色。体形肥胖，弯曲，有皱纹。头部棕褐色，有光泽（图18）。

（4）蛹　裸蛹，体长8～10毫米，乳白色。

【发生规律和习性】

板栗中沟象大多数为2年1代，少数1年1代，以成虫或蛹在被害枝条内越冬。4月底至5月初始见成虫。成虫白天多静伏在枝条阴面，有假死性，可取食雄花序和嫩枝，以补充营养。交尾后的雌虫产卵于2～5年生枝条上，以叶痕处最多。成

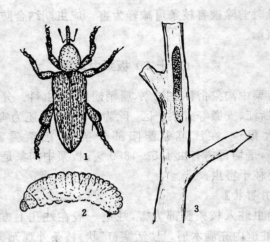

图 18 板栗中沟象

1. 成虫 2. 幼虫 3. 为害状

虫产卵期在 5～6 月份。幼虫孵化后即蛀入枝条为害,到 9 月上旬开始越冬。从翌年 5 月份开始,继续取食为害,到 8 月下旬老熟幼虫开始化蛹,9 月上旬羽化为成虫,在枝条内越冬。管理粗放的老栗园,板栗中沟象为害严重,10 年生以上的树比幼树受害重。

【**防治方法**】

(1)人工防治和农业防治 ①加强栽培管理,及时剪除虫枝,集中烧掉。②利用成虫的假死习性,在成虫发生期振树杀虫。

(2)药剂防治 ①发生量大时,在成虫发生期喷药防治。常用药剂有 90%敌百虫晶体 800 倍液,40%乐果乳油 1 000 倍液,2.5%溴氰菊酯乳油 3 000 倍液,10%氯氰菊酯乳油 2 500倍液。②在幼虫发生期,将有机磷或菊酯类杀虫剂加水稀释成 25 倍药液,用兽用注射器将药液注入幼虫蛀孔内,杀死其中的幼虫。

（二十三）硕　蝽

硕蝽又叫大臭椿象，属半翅目，蝽科。分布于我国山东、河南、陕西、四川、广西、广东、台湾及东部沿海各省，以长江以南山区较常见。寄主有板栗、茅栗、栎类、梨等植物。

【为害状】

成虫和若虫在嫩梢上刺吸汁液，被害枝很快枯萎，终至枯焦。发生量大时，树势衰弱，影响栗实产量。

【形态特征】

成虫体长 23～31 毫米，宽 11～14 毫米。体呈长卵形，棕红色，有金属光泽，密布细刻点。头小，三角形。喙黄褐色，长达中胸中部。触角丝状，黑色，端部橘黄色。前胸背板前缘带蓝绿光泽。中胸小盾片近似三角形，有皱纹。足深褐色，腿节末端有两个锐刺。腹部背面紫红色（插页12彩图）。

【发生规律和习性】

硕蝽 1 年 1 代，在江西以 4 龄若虫在寄主附近的杂草、灌木丛近地面的绿叶背面蛰伏越冬。越冬若虫于 5 月中旬至 6 月底变为成虫。成虫产卵期在 6 月至 7 月底，卵产于寄主附近的杂草上，也有一部分直接产于寄主上。卵产在叶片背面，多呈块状排列，每块卵多为 14 粒，排成 3 行。6 月中旬至 8 月上旬为若虫发生期。1～3 龄若虫在叶背面吸食汁液，4～5 龄若虫和成虫多在嫩枝上取食。成虫遇惊扰能放出刺激性很强的臭气，故有"打屁虫"之称。

【防治方法】

在发生量大时，可在若虫发生期喷布 40% 乐果乳油或50% 敌敌畏乳油 1 000 倍液。也可在防治其他害虫时兼治。

第三章 板栗病害

一、果实病害

（一）栗炭疽病

栗炭疽病是栗果实的重要病害。该病引起栗蓬早期脱落和贮藏期种仁腐烂，不能食用。我国各栗产区均有发生，但因栽培品种、年份、树龄不同，受害程度也有明显差别。受害严重时，栗果实发病率常在 10％以上。日本、美国发病也较重。

【症　状】

该病主要为害果实，也为害新梢和叶片。

（1）果实受害　一般进入 8 月份以后栗蓬上的部分蓬刺和基部的蓬壳开始变成黑褐色，并逐渐扩大，至收获期全部栗蓬变成黑褐色。受害的栗蓬表面密生黑色粒状分生孢子盘，潮湿时产生肉桂色粘稠状分生孢子团。感病栗蓬比健康的小，多提早脱落。栗果实发病比栗蓬发病迟，多从果实的顶端开始，也有的从侧面或底部开始，感病部位果皮变黑，常附着灰白色菌丝。病菌侵入果仁后，种仁变暗褐色，随着症状的发展，种仁干腐萎缩，产生空洞，内部充满灰白色菌丝（插页 12 彩图），最后全部种仁成干腐状，不能食用。有的病果被其他菌腐生，呈软腐状。

（2）新梢被害　在新梢上形成椭圆形或纺锤形黑褐色病斑，一般发生较少。叶片受害，多在盛夏之后发生，叶上形成暗褐色不规则形病斑，叶柄和叶脉上的病斑上下两端较长，稍凹陷。天气潮湿时,新梢和叶片上的病斑也产生肉桂色粘质状的分生孢子团。

【病原菌】

栗果实炭疽病的病原菌为围小丛壳,属子囊菌亚门真菌。无性世代为盘长孢状刺盘孢,属半知菌亚门真菌。病部表面产生分生孢子盘,有或无刚毛。分生孢子无色,单胞,内含油滴。孢子形状因菌株不同,有圆筒形和纺锤形两种,圆筒形孢子大小为 13～24 微米×4.5～6.5 微米,纺锤形的为 13～20 微米×4～6 微米。在培养基上,菌丝为黑绿色或红褐色。菌丝发育和孢子发芽温度为 15～30℃。5℃左右时菌丝也能缓慢生长,所以贮藏期种仁上的病斑也能缓慢扩展。

【发病规律】

病菌以菌丝或子座在树的枝干上越冬,其中以潜伏在芽鳞中越冬量较多。落地的病栗蓬上的病菌基本不能越冬,不能成为翌年的侵染来源。

枝干上越冬的病菌在翌年条件适宜时,产生分生孢子,借助风雨传播到附近栗蓬上,引起发病。病菌从落花后不久的幼果期即开始侵染栗蓬,但只有在生长后期病害症状才进展较快。病菌还能在花期经柱头侵入,造成栗蓬和种仁在 8 月份以后发病。

发病轻重与品种关系密切。老龄树、密植园、肥料不足以及根部和树干受伤害所致的衰弱树,发病重。树上枯枝、枯叶多和栗瘿蜂危害重的树往往发病也重。栗蓬形成期潮湿多雨,有利于病害发生。

【防治方法】

第一,保持栗树通风透光,剪除过密枝和干枯枝。

第二,加强土壤管理,适当施肥,增强树势,提高树体抗病能力。

第三,栽培优良的抗病品种。

第四,发病重的栗园和夏季多雨年份,在7~8月份往树上喷洒50%苯菌灵可湿性粉剂2 500倍液,或70%代森锰锌可湿性粉剂600~800倍液,50%多菌灵可湿性粉剂600~800倍液,共喷3次左右。

(二)栗种仁斑点病

栗种仁斑点病又称栗种仁干腐病、栗黑斑病。在我国河北、山东等省主要栗产区发生比较普遍。病栗果在收获期与好果没有明显异常,而贮运期在栗种仁上形成小斑点,引起变质、腐烂,所以是板栗贮运和销售期间的重要病害。

【症　状】

栗种仁上产生黑灰色、黑色或墨绿色腐烂病斑,并逐渐变成干腐,出现空洞,空洞内有灰黑色菌丝丛,种仁易粉碎。病部常被细菌感染,变成软腐,产生异臭味。种皮表面也覆有黑灰色菌丝层,种皮下形成粒点状子座(插页12,13彩图)。栗果贮藏时,种皮常破裂,露出病菌子座,呈疮痂状。有时从种皮外观看,无明显变化,但里面种仁已变黑、腐烂。本病还为害栗树枝、干,引起干腐病。

有的研究报告将栗种仁斑点病症状分为3种类型:①黑斑型:种皮外观基本正常,种仁表面产生形状不规整的黑褐色至灰黑色病斑,深达种仁内部,病斑剖面有灰白色至赤黑色条状空洞。②褐斑型:种仁表面有深浅不一的褐色坏死斑,深达种仁内部,种仁剖面呈白色、淡褐色、黄褐色,内有灰白至灰黑色条状空洞。③腐烂型:种仁变成褐色至黑色软腐或干腐。

【病原菌】

栗种仁斑点病的病原菌比较复杂,多为葡萄座腔菌、拟茎点霉、镰刀菌、暗色座腔孢等真菌复合侵染,其中以子囊菌亚门真菌葡萄座腔菌为主。病菌在树的枝干病患部形成子座,子座内混生分生孢子器和子囊壳。分生孢子无色、单胞,长纺锤状,大小为 15～30 微米×5～8 微米。子囊棍棒状,双层膜,顶部较厚,大小为 65～135 微米×13～25 微米,内含 8 个子囊孢子,呈两行不规则形排列。子囊孢子单胞,纺锤形,大小为 20～30 微米×5～10 微米。病菌发育温度为 20～30℃,最适温度为 28℃。另据河北农业大学报道,栗种仁斑点病菌主要有炭疽病菌、链格孢菌、茄腐皮镰刀菌、三隔镰刀菌、串珠镰刀菌、拟展青霉菌。从病菌的分离培养和接种致病结果看出,炭疽菌和链格孢菌是种仁黑斑型症状的主要致病菌,镰刀菌和拟展青霉菌是褐斑型症状的主要致病菌,腐烂型则是种仁黑斑型和褐斑型症状的后期阶段。

【发病规律】

病原菌在枝干病斑上越冬,病菌孢子借助风雨传播,侵染果实。病害在板栗近成熟期开始发病,成熟至采收期病果粒稍有增多,常温下沙贮和运销过程中,病情迅速加重。沙贮温度在 25℃左右时有利于病害发生发展,15℃以下时病害发展缓慢,5℃以下时基本停止发展。种仁表面失水有利于病害发展,但过多失水则病斑扩展缓慢。幼树、壮树发病轻,老树、弱树发病重;通风透光良好栗园发病轻,通风不良的密植园发病重;树体上病虫害、机械伤多的栗园发病重;早采收和贮运过程中机械伤多的栗果发病重。

【防治方法】

第一,加强栽培管理,增强树势,提高树体抗病能力,减少树上枝干发病。

第二,及时刮除树上干腐病斑,剪除病枯枝,减少病菌侵染来源。

第三,采收时,注意减少栗果机械损伤。用 7.5％盐水漂洗果粒,除去漂浮的病果粒,将好果粒捞出晒干、贮藏。

二、芽、叶病害

（一）栗芽枯病

【症　状】

该病危害芽、叶片、新梢和花穗。全年发病时期为 4 月至 7 月下旬左右。栗芽绽开时,病芽呈水渍状,后变褐枯死。幼叶发病,产生水渍状暗绿色病斑,以后整个小叶变黑褐色,枯死。叶片发病,产生水渍状小斑点,不久变成褐色,周围有黄绿色晕圈。叶脉发病,叶片呈扭曲状,最后叶片变褐,向内卷曲。叶柄也可受害。主脉和叶柄发病,往往蔓延到着生的新梢上。新梢发病时,往往引起花穗枯死、脱落,在新梢上留下疮痂状痕迹(插页 13 彩图)。

【病原菌】

病原菌为 *Pseudomonas castaneae*,属假单胞杆菌属细菌。病菌在叶片细胞间隙繁殖,使细胞解离、坏死。

【发病规律】

病菌在枝梢病组织中越冬,借助雨水传播。品种间发病有明显差别。

【防治方法】

剪除病梢,收集病叶,集中烧毁。栽培抗病品种。发芽前往树上喷洒 1∶1∶160 倍波尔多液。生长季节,于发病初期喷洒 50％多菌灵可湿性粉剂 600～800 倍液或农用链霉素 50～

100ppm。

（二）栗叶斑病

栗叶斑病在我国仅零星发生,一般为害不重。

【症　状】

本病仅危害叶片。发病初期,叶片上产生红褐色小斑点,后扩大为圆形或椭圆形褐色斑,病斑直径数毫米,外围有暗褐色晕圈。发病后期,病斑中央产生黑色小粒点,为病菌的分生孢子盘(插页13彩图)。

【病原菌】

栗叶斑病的病原菌为 *Pestalotia flagellata*,属半知菌亚门槲树盘多毛孢真菌。分生孢子盘垫状,初埋生在叶表皮下,后外露,大小为 179.5～253.5 微米×109.5～205.0 微米。分生孢子梗圆锥形,不分枝,较短。分生孢子纺锤形,常有 4 个横隔,中间 3 个细胞为褐色至暗褐色,两端细胞无色,大小为 20.0～27.5 微米×7.5～10.0 微米。孢子顶端有 2～3 根刺毛,另一端有尾状刺毛一根,分别长 18.0～23.5 微米和 9.5～15.0 微米,均无色透明。

【发病规律】

病菌以分生孢子盘在落地病叶上越冬,翌年春季产生分生孢子,借助风雨传播,侵染幼叶和叶片。病害在多雨年份发生较重。

【防治方法】

第一,加强栽培管理,降低地面湿度,改善栗园通风透光条件,提高树体抗病能力。

第二,清扫树下病落叶,集中烧毁,减少越冬菌源。

第三,初见病斑时,往树上喷 70％甲基托布津可湿性粉剂 800～1 000 倍液或 50%多菌灵可湿性粉剂 600～800 倍液，共喷 2～3 次。

（三）栗白粉病

栗白粉病在我国各栗产区均有发生，是栗树苗木和幼树的重要病害。

【症　状】

主要危害嫩叶和新梢。嫩叶发病形成不规整形退绿斑，以后在病斑表面产生白色粉状物，为病菌的分生孢子梗和分生孢子。砧木苗新梢顶部发病，表面也覆白色粉状物，严重时新梢枯死。叶片边缘发病，常造成叶片扭曲、伸展不平。秋季在白粉层上产生黑色小粒点，为病菌的闭囊壳。老叶也可被侵害，但发病数量少（插页 14 彩图）。

【病原菌】

栗白粉病病菌有两种，分别为桤叉丝壳和槲球针壳，均属子囊菌亚门真菌。桤叉丝壳发生在叶的正面，闭囊壳上的附属丝 5～14 根，二叉状分枝 2～4 次，分枝末端卷曲，闭囊壳内有 4～8 个子囊，子囊孢子椭圆形，大小为 17～26 微米×9～15 微米。其无性阶段为粉孢霉。槲球针壳主要发生在叶背面，闭囊壳上的附属丝为球针状，黑褐色，闭囊壳扁圆球形，子囊长椭圆形，内含 2 个子囊孢子，子囊孢子长椭圆形，无色单胞。无性阶段为拟卵孢霉。

【发病规律】

病菌以闭囊壳在病叶和病梢上越冬，翌年春季放出子囊孢子，侵染嫩叶和新梢。病菌在病部不断产生分生孢子，在生长季节进行多次侵染，秋季病菌形成闭囊壳越冬。

栗树新梢生长期，阴雨较多时发病重。实生树、苗木及幼树发病重。品种间存在发病差异。

【防治方法】

第一,剪除病梢,减少病菌侵染来源。

第二,发病重的栗园,在开花前和落花后喷 2 次 25％粉锈宁可湿性粉剂 1 500～2 000 倍液,或喷 50％硫悬浮剂300～400 倍液。

(四)栗叶炭疽病

【症　状】

栗叶炭疽病危害栗树叶片。发病初期,在叶面形成不规则形褐色斑点,病斑扩大后变成大型褐斑,周围具深褐色环纹。有时数斑融合连片,原来的界限不明显。病斑背面浅褐色,密生暗褐色分生孢子层。叶脉病斑椭圆形,褐色。随着病情发展,叶色变黄,干枯(插页 15 彩图)。

【病原菌】

病原菌为 *Gnomonia setacea*,属子囊菌亚门日规壳真菌。翌年春天落叶病斑上形成有性时期,子囊壳在叶背病组织内埋生,露出长颈。子囊孢子大小为 10～13 微米×1.5～2.5 微米,无色,双胞,两胞大小不等,每端具针状附属丝,发芽适温18～25℃。分生孢子无色,单胞,圆筒形,稍弯曲,大小为 9～13 微米×1.0～1.5 微米,不能发芽。

【发病规律】

病菌在病落叶中越冬,翌年产生子囊孢子,进行侵染。

中国和欧美栗品种发病重,日本品种发病轻。密植园、老栗园、管理粗放园发病重。

【防治方法】

加强肥水管理,提高树体抗病能力。清除病源,冬季和早春清扫落叶,集中烧毁或深埋。

(五) 栗叶枯病

栗叶枯病主要危害栗苗木和幼树叶片,常造成早期落叶。大树发病很轻。

【症　状】

生长后期,叶片正面产生苍白色圆形斑点,后扩大成直径1厘米以上大斑,褐至暗褐色,具灰色或深褐色环纹,叶背色浅,病斑不明显。叶缘上病斑半圆形。病斑上形成黑色小粒点,为病菌的分生孢子盘(插页14彩图)。病斑脆,易破裂。

【病原菌和发病规律】

栗叶枯的病原菌为 *Monochaetia monochaeta*,属半知菌亚门盘单毛孢真菌。病斑上密生分生孢子盘。分生孢子纺锤形,具4个隔膜,中间3个细胞较大,暗褐色,两端细胞无色,较尖,着生一根无色纤毛,孢子分隔处稍缢缩,大小为20～30微米×7～10微米。纤毛大小为6～11微米×0.7～1.0微米。目前对该病的侵染规律和发病条件尚不太清楚。

【防治方法】

大树可不必防治。苗木和幼树在8月下旬或9月上旬喷洒1次有机杀菌剂。树体休眠期清扫病落叶,集中烧掉或深埋。

(六) 栗斑点病

【症　状】

栗斑点病多在夏季开始发生,严重时可造成早期落叶。发病初期,叶片上产生褐色小斑点,扩大后变成直径3～5毫米的黄褐色斑点,周围色深。严重时,常相互融合成不规则形大斑。病斑表面散生黑色小粒点,为病菌分生孢子器(插页 15 彩图)。

【病原菌】

病原菌为 *Tubaria japonica*,属半知菌亚门真菌。分生孢子单胞,圆至宽椭圆形,无色,具双重膜,大小为 40～55 微米×35～45 微米。

【发病规律】

对本病的侵染规律尚不太了解。树体枝叶过密、通风透光不良及树势弱的栗园发病较多,易造成提早落叶。

【防治方法】

适当修剪,疏除过密枝,改善通风透光条件;加强肥水管理,提高树体抗病能力。

(七)栗 锈 病

【症 状】

该病危害栗树叶片。在叶背面产生褐色疱状锈斑,表皮破裂后露出黄粉,为病菌的夏孢子堆和夏孢子。秋季落叶前在病斑背面产生蜡质状褐色斑点,为病菌的冬孢子堆。

【病原菌和发病规律】

病原菌为栗膨痂锈菌,属担子菌亚门真菌。只发现病菌有夏孢子和冬孢子阶段。夏孢子堆生于叶背表皮下,橙黄色,圆形,大小为 0.10～0.25 毫米,侧丝棍棒形,无色,长 27～38 微米,夏孢子卵形至长椭圆形,无色,大小为 14～24 微米×8～15 微米,孢壁有细刺,内含物橙黄色。冬孢子黄色至黄褐色,卵形至长椭圆形,有 2～6 个细胞,大小 19.8～37.0 微米×14～30 微米,淡黄色。

目前对此病的发生规律了解得很少。已知病菌的夏孢子可在病落叶上越冬,病害多在 8～9 月份发生。

【防治方法】

清扫病落叶,烧毁或深埋。发病前喷 1∶1∶160 倍波尔多液或 50％多菌灵可湿性粉剂 600～800 倍液。

(八)栗褐斑病

栗褐斑病危害栗树叶片。多在 7 月始见病斑,9 月份病斑急增,易引起早期落叶。

【症　状】

发病初期,栗叶上产生褐色小斑点,后逐渐扩大为 6～10 毫米的近圆形病斑,褐色至暗紫色,周围有黄色晕圈,中央散生黑色小粒点,为病菌的分生孢子器(插页 16 彩图)。叶片上有多个病斑,易引起早期落叶。

【病原菌和发病规律】

病原菌为 *Morenoella guercina*,属子囊菌亚门真菌。病菌在叶表形成子囊壳,子囊壳扁平、黑色。子囊圆筒形,无色,大小为 20～45 微米×7～17 微米,内含 8 个子囊孢子。子囊孢子纺锤形,双胞,隔膜处稍缢缩,大小为 8～17 微米×3～5 微米。

病菌在病叶上越冬,翌年春天产生子囊孢子,侵染叶片。

【防治方法】

清扫落叶,集中烧毁。

三、枝干病害

（一）栗干枯病

栗干枯病又称栗胴枯病、栗树腐烂病、栗疫病,是栗树的主要病害。我国各主要板栗产区均有发生,部分产区受害严重。被害栗树树皮腐烂,削弱树势,重则造成死枝死树。

【症　状】　栗干枯病危害树干、主枝和小枝。发病初期,树皮上出现红褐色近长形病斑,病组织松软,稍隆起,有时流出黄褐色汁液。刮破病树皮,可见病组织溃烂,呈红褐色水渍状,有很浓的酒糟气味。随着病情的发展,病部逐渐失水、干缩,外观呈灰白色至青灰色,并在病皮下产生疣状黑色小粒点,即病菌的子座。以后子座突破表皮,在5~6月份的雨后或天气潮湿时,从中涌出橘黄色卷须状的分生孢子角。最后病皮干缩开裂,病部周围形成愈伤组织。病斑环切枝干一周后上部枝条枯死。幼树多在树干基部发病,致使上部枯死,病部下端产生愈伤组织。入夏以后,病部以下长出大量分蘖,有的分蘖可长成较粗枝条,但多数分蘖枝纤细瘦弱。翌年春季,基部旧病斑又继续溃烂,分蘖枯死,入夏后又发出大量蓬乱细根蘖,如此反复几年后,树干基部形成一块大瘤状愈伤组织,数年后终致病树死亡。

树上小枝发病多发生在桠杈部位。在栗树发芽后不久,如见到某一枝新叶萎蔫时,则往往在该枝条上可发现环缢的病斑。有时环缢病斑上部枝条并不立即死亡,仅发芽较晚,叶小而黄,严重时叶边缘焦枯,不抽新梢或抽梢很短,不久整个小枝干枯死亡(插页16和封三彩图)。

【病原菌】

病原菌为栗寄生内座壳,属子囊菌亚门真菌。无性阶段产生小穴壳菌属型子实体。病菌的有性阶段在国内较少见。子座生于皮层内,后突出呈扁圆形泡状,直径 1.5～2.5 毫米。子囊壳产生在子座底部,暗黑色,烧瓶形,直径 150～250 微米,喙长 200～600 微米,一个子座内有数个至数十个子囊壳,分别在子座顶端开口。子囊披针形或棍棒形,大小为 33～40 微米×6～7 微米,内含 8 个子囊孢子。子囊孢子椭圆形或卵形,无色,成熟时有一横隔,分隔处缢缩,大小为 5.5～6.0 微米×3.0～3.5 微米。

无性阶段的子座生于皮层内,圆锥形,直径 0.8～1.5 毫米,高 1 毫米左右,内生数个牛胃状的分生孢子器,器壁上密生一层分生孢子梗。分生孢子梗无色,单生,少数有分枝,其上着生分生孢子。分生孢子无色,卵形或圆筒形,大小为 3～4 微米×1.5～2.0 微米。

病菌的发育适宜温度为 15～30℃,最适温度为 25～30℃。田间气温在 10℃ 以上时,病菌可缓慢侵染、发病。

【发病规律】

病菌以菌丝和分生孢子器在病皮内越冬。分生孢子借助风雨传播,从树皮上的伤口侵入。早春气温回升至栗树发芽前后是病害发生最严重时期。原来的旧病斑扩展迅速,常在较短时间内绕树枝一圈,使幼树或大枝死亡。

对病菌的侵入和扩展,树皮通常产生组织保卫反应,在生长季节形成愈伤组织,限制病害的扩展。这种组织保卫反应与立地条件、树势强弱、季节、温度、营养水平等有密切关系。土壤肥沃,土层较厚的栗园和树势健壮的栗树,发病较轻;土壤瘠薄、根浅的弱树发病较重;高接换种后的接口及附近树皮容易发病,实生树发病较少。发病与冬季和早春的日烧有一定关系。树干上原发性病斑多集中在南面或西南面,北面则相对较少。高纬度、高海拔,冻土层深,早春气温昼夜温差较大的地区发病重。秋冬干旱年份,翌春发病有明显加重的趋势。栗树营养生长旺盛季节发病轻,树体休眠期前后发病重。密植园、肥水管理不良园及枝干害虫较多园发病重。栗树品种与发病轻重也有明显关系。明栗、长安栗发病轻,红栗、二露栗、领口大栗、油光栗、元花栗等发病也较轻,半花栗、薄皮栗、兰溪锥栗、新杭迟栗、大底青等品种极容易感病。

【防治方法】

(1)及时刮治 对溃烂的病斑及时刮除,以防止病斑扩大。对刮后的病疤涂 40%腐烂敌 30~50 倍液或 843 康复剂原液。

(2)栽培抗病品种 选用适合当地栽培的丰产、抗病良种进行栽植。

(3)加强栽培管理 建园时加大加深定植坑,填以熟土和农家肥,促进根系生长。土质瘠薄的栗园,应逐年深翻改土,增施农家肥和翻压绿肥。山坡地栗园要搞好水土保持,促进根系发育,增强树势和抗病能力。

(4)清除病源 及时剪除病死枝,带出园外烧毁,防止病菌在园内飞散传播。

(5)树干培土 主干近地面发病较多的幼树园,在刮除病斑的基础上,于晚秋对树干进行培土,翌年 4~5 月份解冻后及时将土扒开,可减少发病。

(6)树干涂白 晚秋对树干进行涂白,防止日烧,对减少发病有一定作用。

(7)保护接口 对高接换种的接口,应敷以混少量腐烂敌或 843 康复剂的药泥,外包塑料薄膜,防止接口水分散失和病菌感染,促进伤口愈合。

(8)减少树体伤口 及时防治蛀干性害虫,减少机械伤和不必要的剪锯口伤,以免被病菌感染。

(二) 栗 疫 病

栗疫病在潮湿的洼地大树园发病较多,常与栗干枯病一起发生,使栗树受害加重。

【症 状】

多发生在树干的近地表和主枝基部。发病初期,病部树皮龟裂,流出黑色汁液,具酒糟气味。刮掉病部表皮,下面树皮韧皮部松软,变褐,并有暗褐色至黄褐色相间的环纹和条纹。随着病情发展,病皮和下面浅层木质部变为黑褐色,病树皮失水凹陷、干硬、龟裂(封三彩图)。栗疫病旧病斑附近树皮易被干枯病菌感染,成为复合侵染的病斑。病部以上枝条枯死。苗木和绿枝的病部呈黑褐色,水渍状,枝叶迅速枯萎。

【病原菌】

病原菌为 *Phytophthora katsurae*,属鞭毛菌亚门真菌。孢子囊顶生于孢囊梗上,无色,卵形,顶部有乳突状突起,大小为 16~34 微米×13~31 微米。有性器官在各种培养基上形成良好。藏卵器表面有刺状粒点,基部长漏斗状,大小为 34~42 微米×23~31 微米。雄器椭圆形至长筒形,上部宽,大小为 7~16 微米×8~13 微米。卵孢子球形,生于藏卵器中,大小为 18~26 微米。病菌发育温度为 9~32℃。

【发病规律】

病菌以卵孢子在病组织中越冬,翌年有降雨或灌水时,形成游动孢子囊,产生游动孢子,随水流传播侵染。侵染的适温为 18～27℃,每次雨后都有 1 次侵染。密植园、平地园、清耕园发病重,树干伤口多的树发病重。

【防治方法】

第一,刮除病斑,刨掉病死树,清除病源。

第二,涝洼地及时排水。

第三,春季发芽前,在刮治病斑的基础上,对树干和主枝基部涂刷 40%腐烂敌或 40%福美胂可湿性粉剂 80～100 倍液。

第四,防治枝干害虫,尽量避免造成伤口,减少病菌侵入部位。

（三）栗树腐烂病

栗树腐烂病危害栗树枝干。仅在我国东北地区及广西等局部地区发生,一般为害不重。

【症　状】

发病初期,枝干上病斑褐色,稍隆起,水渍状,病组织褐色、腐烂,常流出褐色汁液。后期病斑干缩、凹陷,上面密生橙黄色小粒点,为病菌的分生孢子器。雨后或空气潮湿时,涌出卷须状黄色分生孢子角。秋季在病部产生褐色小粒点,为病菌的子座。

小枝发病,病斑暗褐色,扩展迅速,呈枝枯症状。病部后期产生黑色小粒点,为病菌的分生孢子器。

【病原菌和发病规律】

病原菌为 *Valsa ceratophora*,属子囊菌亚门真菌。无性阶段为 *Cytospora ceratophora*,属半知菌亚门真菌。

病菌以菌丝体、分生孢子器和子囊壳在病组织上越冬,产生分生孢子,借风雨传播,从伤口侵入。发病轻重与品种抗寒能力及树势强弱有密切关系。

【防治方法】

栽培抗寒良种;加强肥水管理,提高树体抗病能力;刮除病斑,刮后在伤口处用 40%腐烂敌 50 倍液或 843 康复剂原液消毒保护。

(四)栗树枝枯病

【症　状】

栗树枝枯病危害栗树枝干。发病初期,病斑呈浅褐色,稍肿起,皮层病组织湿腐,后期病斑干缩、开裂,在病树皮上或裂缝处产生朱红色疣状颗粒,为病菌的分生孢子座和子囊壳堆。病斑绕枝干扩展一圈后,病部以上枝干枯死。

【病原菌和发病规律】

病原菌为 *Nectria cinnabarina*,属子囊菌亚门真菌。无性阶段为 *Tubercularia vulgaris*,属半知菌亚门真菌。生长季节在病部形成分生孢子座,呈垫状或瘤状,群生,外露。子座上密生分生孢子梗。分生孢子无色,单胞,椭圆形,成堆时呈粉红色,大小为 6～9 微米×2 微米。秋季在子座上丛生深红色子囊壳,近球形,半埋生。子囊孢子双胞,无色,梭形,分隔处缢缩,大小为 12～15 微米×4～9 微米。

病菌以子囊壳、分生孢子座在病部越冬,翌年产生孢子,经剪锯口、病虫伤口及冻伤口等部位侵入。弱树、弱枝或伤口较多的树体容易发病,引起溃疡和枝枯。

【防治方法】

加强栽培管理,增强树势,提高树体抗病能力;刮除病斑,刮口处涂抹消毒保护剂,防止复发;防治枝干性害虫,尽量减少树体伤口。

（五）栗树膏药病

栗树膏药病危害栗树枝干。在我国安徽等部分山区栗园发生较重。

【症　状】

栗树枝干上长出灰色至灰褐色菌膜,周围及下面树皮湿腐,造成树势衰弱。

【病原菌及发病规律】

病原菌主要种类为 *Septobasidium bogoriense* 和 *S·tanakae*,属担子菌亚门真菌。病原菌以菌膜在被害枝干上越冬。担孢子通过风雨和昆虫传播,其中栎霉盾蚧是传播病菌的重要媒介。在旬平均温度 13～28℃,相对湿度 78％～80％时,病菌扩展迅速。栗树品种与发病有一定关系。

【防治方法】

栽植粘底板、大红袍等丰产、抗病品种;栗树萌芽前用90％增效柴油乳剂 20～30 倍液涂刷病部,效果显著,并可兼治栎霉盾蚧。

四、根部病害

（一）栗树烂根病

栗树烂根病主要有栗白纹羽病和根朽病两种。仅在我国个别栗产地发生,为害不重。

【症　状】

(1)白纹羽病　病根腐烂,表面布满白色至灰白色网状菌丝,病皮易剥离,病皮与木质部之间有时产生黑色球形小颗粒,为病菌的菌核。病树叶片发黄,枝条枯萎,严重时全树死亡。

(2)根朽病　树干根颈部及主侧根皮层腐烂,内有白色或淡黄色菌丝,有蘑菇气味,皮层和木质部之间有白色至黄白色呈扇状分布的菌丝层。病树叶片发黄,发育不良,重者全树枯死。

【病原菌】

白纹羽病原菌为 *Rosellinia necatrix*,属子囊菌亚门真菌。无性世代为 *Dematophora necatrix*,属半知菌亚门真菌。有性世代在朽根上产生子囊壳,但不多见。无性世代在病根完全腐烂时才产生,分生孢子无色,单胞,卵圆形,大小 2～3 微米。

根朽病的病原菌为 *Armillariella mellea*,属担子菌亚门真菌。病菌的子实体丛生,菌盖 4～14 厘米,浅土黄色,边缘具条纹。菌柄长 6～13 厘米,土黄色,基部略膨大,上着生白色菌环。菌褶近白色,直生或延生。担孢子光滑,无色,椭圆形,大小为 7～11 微米×5.0～7.5 微米。

【发病规律】

白纹羽病菌主要以菌丝、菌核或根状菌索在病根上越冬,翌年菌核或菌索上又长出菌丝,从根部皮孔侵入。病菌通过病、健根接触或带病苗木传播。栗园低洼、潮湿、排水不良,发病较重;栽植过深、耕作时伤根较多以及土壤酸性较强、有机质缺乏的栗园发生也较重。

根朽病菌以菌丝体或根状菌索在病根组织中越冬,主要靠菌索传播。在采伐不久的林迹地建栗园及老栗园发病较多。

【防治方法】

第一,加强栽培管理,增施农家肥和磷、钾肥,提高抗病能力。

第二,发现病树,扒开根部土壤,剪掉病根,在伤口处涂

1：1：100倍波尔多液,然后用 40％五氯硝基苯药土(药、土比例 1：80)施于根部,进行土壤消毒。

第三,在砍伐的林地建栗园时,应先种 2～3 年禾本科作物,待病根充分腐烂后再建园。

(二)栗黑根立枯病

【症　状】

分急性和慢性两种。急性发病树,在盛夏时栗叶急速萎蔫、卷曲、干枯;慢性发病树,生育期叶片缓慢黄化、干枯、落叶。病树根变黑腐烂,细根皮层易剥离。后期在病皮表面形成黑色小粒点,为病菌的分生孢子器。急性发病树早期不易发现,慢性发病树落叶早,春天发芽迟,长势弱(封三彩图)。

【病原菌】

病原菌有两种:一种是 *Macrophoma castaneicola*,属半知菌亚门真菌。病菌的分生孢子器黑色,分生孢子圆至圆筒形,无色,单胞,大小为 17.5～25.0 微米×5.5～8.0 微米。另一种病原菌为 *Didymosporium rodicicola*,属半知菌亚门真菌。分生孢子栗褐色,茄形,双胞,大小为 22.5～35.0 微米×10～15 微米。

【发病规律】

病原菌在土壤中病组织上越冬,以病菌孢子或病、健根接触传染。土壤粘重、通气不好及排水不良的栗园发病重。

【防治方法】

改良土壤,增加土壤通透性。及时排出栗园积水。发现树叶发黄时,扒开根土剪除病根。增施农家肥,促进根系生长,提高根系抗病能力。

第四章 板栗园常用农药简介

一、杀虫、杀螨剂

（一）敌 敌 畏

敌敌畏是一种广谱高效有机磷杀虫剂，兼有杀螨作用。常用剂型有 80% 和 50% 乳油。

该药纯品为无色油状液体，稍带芳香气味。工业品为黄色油状液体，挥发性强，遇碱能很快分解失效。中等毒性。对鱼类毒性较高，对蜜蜂剧毒。具有熏蒸、胃毒和触杀作用。是一种神经毒剂。药剂进入虫体后通过抑制胆碱酯酶的活性，使害虫迅速死亡。药后易分解，残效期短，无残留。

用 80% 敌敌畏乳油 1 500～2 000 倍液或 50% 乳油 1 000～1 500 倍液喷雾，可防治各种卷叶虫、刺蛾、毛虫、尺蠖、介壳虫、蟓类和螨类。用棉球浸 50% 乳油 20 倍液，塞入天牛幼虫的蛀孔内，可杀死其中的幼虫。于果实采收前 7 天禁止用药。药液不能与碱性农药混用。要随用随配。

（二）敌 百 虫

敌百虫是一种广谱、高效、低毒有机磷杀虫剂。常用剂型是 90% 晶体、50% 乳油和 50% 可湿性粉剂。

该药纯品为白色结晶，工业品纯度 95% 以上，为白色块状固体，熔点 78～80℃。在酸性介质中稳定，在碱性条件下易转变为敌敌畏,再进一步分解失效。对鱼类、蜜蜂低毒,在高等动物体内很快被水解排出体外。对害虫的作用主要是胃毒和触杀作用。杀虫机理与敌敌畏相同。

用 90%敌百虫晶体稀释 1 000 倍液可防治食心虫、卷叶虫、刺蛾、尺蠖、天幕毛虫、金龟甲和栗实象甲等许多害虫。用 90%晶体敌百虫 1 000～1 500 倍液防治叶蜂、天牛、食心虫等效果均很好。果实采收前 20 天停止使用。药液应随配随用,不可久放。不能与碱性农药混用。因其易吸潮分解,应置干燥处贮存,并避免高温和日晒。

(三)杀螟硫磷

杀螟硫磷又叫杀螟松。是一种常用的广谱高效杀虫剂。常用剂型是 50%乳油。

该药纯品为黄褐色油状液体,制剂是棕色油状液体,带有大蒜臭味。在常温下对日光比较稳定,遇碱易分解失效。中等毒性。对鱼类和青蛙安全,但对蜜蜂毒性较高。对害虫的作用主要是触杀和胃毒,在植物体上有较好的渗透作用。杀虫机理是抑制昆虫胆碱酯酶的活性,使害虫中毒死亡。

用 50%杀螟松乳油 1 000～1 500 倍液喷雾,可防治果树食心虫、桃蛀螟、卷叶蛾、刺蛾和蚧类等害虫。在果实采收前 15 天停止使用。不能与碱性农药混用。

(四)乐 果

乐果是果园常用的防治刺吸式口器害虫的广谱高效有机磷杀虫、杀螨剂。常用剂型有 40%和 50%乳油。

该药纯品为白色结晶,工业品为白色结晶或黄棕色油状液体,易燃,挥发性大。在中性和酸性介质中稳定,遇碱易分解。对人、畜毒性中等,经皮毒性较低。对鱼类低毒,对蜜蜂、寄生蜂、捕食性瓢虫等毒性较高。对害虫具有较强的触杀作用,兼有内吸性。在常温下乐果的挥发性很差,故无熏蒸作用。杀虫机理是抑制昆虫体内胆碱酯酶的活性,使其中毒死亡。

用40%乐果乳油800～1 000倍液,可防治各种蚜虫、害螨、介壳虫、卷叶虫、食心虫等害虫。在针叶小爪螨(栗红蜘蛛)越冬卵孵化盛期后喷布50%乐果乳油1 500倍液防效较好。果实采收前15天停止使用。不宜与碱性农药或肥料混用。应置于阴凉处贮存,不宜久存,避免高温和阳光照射。

(五)氧化乐果

氧化乐果又叫氧乐果。是果园常用的有机磷杀虫、杀螨剂,对害虫的毒性比乐果大,对人、畜的毒性比乐果高10倍。常用剂型为40%乳油。

该药纯品为白色或浅黄色油状液体,工业品为褐色油状液体。遇碱易分解失效,对热不稳定。对人、畜毒性较高,经皮毒性较小。对鱼类低毒,对蜜蜂、瓢虫、食蚜蝇等天敌毒性较高。对害虫的杀虫机理与乐果相同,在气温较低时防治效果比乐果高,因此,适于果树发芽期应用。

在栗瘿蜂幼虫出蛰盛期,刮除老翘皮,环涂40%氧化乐果乳油原液防效较好。用40%乳油1 000倍液喷雾,可防治各种蚜虫、介壳虫、金龟子、害螨等。早春用40%乳油1 000～1 500倍液喷雾,可防治绿盲蝽。果实采收前21天停止用药。可与多种杀虫剂、杀菌剂混用,但不宜与碱性农药混用。

(六)马拉硫磷

马拉硫磷又叫马拉松。是果园常用的高效、低毒、广谱性有机磷杀虫剂。常用剂型为50％乳油。

该药纯品为黄色油状液体,制剂为淡黄色至棕色透明油状液体,有强烈的大蒜臭味。对光比较稳定,在水中能缓慢分解。在高等动物体内很快水解成无毒化合物,对人、畜比较安全。药剂进入昆虫体后被氧化成毒性更高的化合物,表现出很高的毒性,这是它的重要特点。对害虫天敌毒性较大,对鱼类毒性中等,对蜜蜂毒性较高。对害虫的作用是触杀和胃毒,有一定熏蒸作用,无内吸作用。对食叶性害虫防效较好,对螨类和钻蛀性害虫及地下害虫防效较差。杀虫机理是抑制昆虫体内胆碱酯酶的活性,使害虫中毒死亡。

用50％马拉硫磷乳油1 000倍液喷雾,可防治食心虫、卷叶虫、尺蠖、毛虫、介壳虫、叶蝉、木虱、蟥类等害虫。果实采收前10天停止用药。该药易燃,在贮运和使用时严禁烟火。

（七）对 硫 磷

对硫磷又叫一六〇五。是果园常用的广谱高效有机磷杀虫、杀螨剂。常用剂型为50％乳油。

该药纯品为白色针状结晶,工业品为浅黄色或棕色油状液体,有大蒜臭味。在碱性条件下易分解失效。属剧毒农药。对鱼类毒性中等,对蜜蜂、寄生蜂、瓢虫的毒性都较大。对害虫具有触杀、胃毒和熏蒸作用。随气温升高,熏蒸作用逐渐增强。药液在植物体有渗透作用,但无内吸传导作用。通过抑制胆碱酯酶的活性,使害虫中毒死亡。

用50％对硫磷乳油1 500～2 000倍液可防治各种食心虫、卷叶虫、尺蠖、蚜虫、害螨、蟥类等害虫。果实采收前30天停止用药。不能与碱性农药混用。该药属剧毒农药,在贮运和使用中,应严格遵守安全使用规程。

（八）辛 硫 磷

辛硫磷又叫肟硫磷。是一种高效、低毒、低残留的广谱性有机磷杀虫剂，兼有杀螨作用。尤其对鳞翅目的幼虫和地下害虫防治效果较好。常用剂型有 75％和 50％乳油，25％微胶囊剂和 5％颗粒剂。

该药纯品为黄色油状液体，工业品为黄棕色液体。遇碱易分解失效。对光不稳定，特别是对紫外线很敏感，直接暴露于阳光下易分解失效。对人、畜毒性低。对鱼类、蜜蜂、寄生蜂、瓢虫毒性较大。对害虫的作用主要是触杀和胃毒，也有一定熏蒸作用，能渗透到植物组织内，但无传导作用。残效期较短。施于土壤中防治地下害虫或防治在土中越冬的害虫残效期达 1～2 个月。杀虫机理是抑制害虫体内胆碱酯酶的活性。

用 50％辛硫磷乳油加水稀释成 1 500 倍液喷雾，可防治各种蚜虫、叶螨、卷叶虫、天幕毛虫、舞毒蛾、尺蠖、刺蛾、叶蝉等多种害虫；以 1 000 倍液喷雾可防治红蜡蚧、黑刺粉虱等若虫；用 50％乳油 100 毫升，对水 5 升拌种，或混泥粉施入土中，可防治多种地下害虫。于果实采收前 15 天停止用药。宜在阴天或傍晚喷药，避免在阳光下喷药。该药应存放于阴凉避光处，避免阳光直射。

（九）久 效 磷

久效磷属有机磷杀虫、杀螨剂。果园常用剂型为 40％乳油和 50％可溶性粉剂。

该药纯品为白色结晶，制剂是棕色油状液体。对人、畜毒性高。对家禽和蜜蜂毒性较大，对鱼类和贝类毒性较小。该药是一种广谱、高效杀虫剂，具有触杀和胃毒作用，内吸作用好，能被植物的根和叶吸收,传导到植物的各个器官。杀虫机理是抑制昆虫体内胆碱酯酶的活性,使害虫中毒死亡。

能防治多种害虫,尤其对已经产生抗性的蚜虫和螨类,防效较好。该药属高毒农药,应严格遵守农药安全操作规程。果实采收前30天停止用药。

(十)甲 胺 磷

甲胺磷属有机磷杀虫、杀螨剂。常用剂型为50%乳油。

该药纯品为白色结晶,遇酸和碱易分解失效。制剂为棕色油状液体。该药属剧毒农药,对人、畜、家禽和蜜蜂毒性高,对鱼类低毒。对害虫、害螨有内吸、触杀、胃毒和一定的熏蒸作用。杀虫机理是抑制害虫体内胆碱酯酶的活性,使害虫中毒死亡。

用50%甲胺磷乳油与水按1:1~2的比例混合后涂干防治蚜虫和球坚蚧、桑白蚧等介壳虫。果树发芽前用50%甲胺磷乳油1 000~2 000倍液喷雾,可防治各种介壳虫和蚜虫。在栗绛蚧初孵若虫期,喷50%甲胺磷乳油1 000倍液效果较好。果树生长期一般不用,尤其不宜超低容量喷雾。贮运和使用时,要严格遵守剧毒农药安全操作规程。

(十一)西 维 因

西维因又叫甲萘威、胺甲萘,属氨基甲酸酯类农药。是一种高效、广谱性杀虫剂。常用剂型为25%和50%可湿性粉剂、40%胶悬剂。

该药纯品为白色结晶。25%西维因可湿性粉剂外观为疏松粉末,毒性中等,对光、热、酸较稳定,遇碱易分解。对害虫主要是触杀和胃毒作用,作用速度慢,药效期7天以上。对介壳虫、害螨的毒杀力小,对蚜虫特别是对有机磷产生抗性的蚜虫效果较好,对天敌不安全。与有机磷农药混用有增效作用,但低温时使用防效较差。

用 25％西维因可湿性粉剂 200 倍液喷雾防治刺蛾类害虫;用 25％西维因可湿性粉剂 400～600 倍液喷雾防治栗蚜虫类害虫;用 50％西维因可湿性粉剂 800～1 000 倍液喷雾,对食心虫、尺蠖、刺蛾等多种害虫防效较好。于果实采收前 10 天停止用药。该药不能与碱性农药混用,可与有机磷农药混用并有增效作用。该药对益虫杀伤力较强,使用时应注意保护蜜蜂。

(十二)磷 胺

磷胺又叫大灭虫、迪莫克。常用剂型为 50％和 80％磷胺乳油或水剂。

本品属高毒类农药。对人、畜及蜜蜂高毒,对鱼类低毒。对皮肤和眼睛有轻微刺激性,在动物体内蓄积性小,遇碱易水解。对钢铁、铝容器有腐蚀性。该药具有显著内吸作用。是一种广谱杀虫、杀螨剂,以胃毒为主,兼有触杀作用。

在落叶果树上喷雾 50％磷胺乳油 1 500～2 000 倍液可防治各种蚜虫、卷叶虫、食心虫、毛虫、刺蛾、尺蠖、潜叶蛾和叶螨。在栗皮蛾第一、二代卵孵化盛期,各喷 1 次 1 000～1 500 倍液,防效较好。于果实采收前 20 天停止用药。磷胺属高毒农药,在使用、运输和贮存时应严格遵守农药安全使用操作规程。不能与碱性农药混用。对蜜蜂高毒,果树开花期禁止使用。

(十三)杀虫灵

杀虫灵又叫杀虫灵 1 号。是由氯氰菊酯和水胺硫磷按一定比例复配的乳油。常用剂型为 15％杀虫灵乳油。

15％杀虫灵乳油外观为浅黄色至棕黄色液体。属中等毒性杀虫剂。具有很强的触杀、胃毒作用,作用迅速,用量少,效果好。对热稳定性较好,在碱液中易分解。

用 15％杀虫灵乳油 3 000～4 000 倍液喷雾,对卷叶蛾、大绿蟓有很好的防治效果;用 4 000～6 000 倍液喷雾,对低龄潜叶蛾幼虫防治效果较好。本剂不能与碱性农药和肥料混用,以免减效。应贮存在阴凉、通风、干燥的地方。使用时注意安全操作,以免发生中毒事故。

(十四)呋喃丹

呋喃丹又叫克百威、虫螨威、大扶农。常用剂型为 3％,5％,10％颗粒剂;35％种子处理剂;75％母粉(供加工制剂用)。

该药纯品为白色结晶,无臭味,可溶于多种有机溶剂。对人的眼睛及皮肤无刺激作用。对鱼类毒性较高,对蜜蜂无毒害,对鸟类有毒。该药是氨基甲酸酯类广谱性内吸杀虫、杀线虫剂,具有触杀和胃毒作用。该药属高毒杀虫剂,其杀虫机理是抑制胆碱酯酶。呋喃丹能被植物根系吸收,施于土壤中残效期较长。

本剂适于防治多种地下害虫和线虫,有效期长达 30～40 天。地面用 3％呋喃丹颗粒剂 3～5 千克,拌细土 20～25 千克,撒施、沟施或穴施于果园土壤中,可防治蚜虫、蓟马、地老虎、食心虫、甲虫和线虫,同时还可兼治蚧虫、粉虱、象鼻虫、螬和害螨。防治栗雪片象,于成虫羽化后 10 天左右,在树下挖30 厘米深沟,每立方米埋 3 克 3％呋喃丹颗粒剂覆土埋严。该药不能与碱性农药、肥料混用。施用灭草灵、敌稗除草后 3～4

天,方可施用呋喃丹,施用呋喃丹 30 天后才能施用灭草灵,否则会造成药害。不能长期单一施用,以免杀伤蜘蛛等有益生物。该药毒性大,应顺风施药,以免中毒。贮运及配药时必须按高毒农药规定操作。严禁加水配成溶液直接喷施。

(十五)溴氰菊酯

溴氰菊酯是拟除虫菊酯类杀虫剂,又叫敌杀死、凯素灵。常用剂型有 2.5% 乳油、2.5% 可湿性粉剂。

该药纯品为白色无味结晶,对光、酸都较稳定,但遇碱易分解。对高等动物毒性中等,对皮肤无刺激性,对眼睛有轻度刺激作用,但短时间内可消失。对鸟类低毒,对鱼、蜜蜂高毒。杀虫活性很高,属神经性毒剂。具触杀、胃毒和熏蒸作用,有一定驱避与拒食作用,无内吸作用。杀虫谱广、高效,击倒速度快,对果园天敌杀伤严重。对螨类无效。

用 2.5% 溴氰菊酯乳剂 3 000 倍液喷雾,可防治果树的各种食心虫、卷叶虫和蚜虫、潜叶蛾等害虫。对栗毒蛾,在幼虫孵化 1 周后喷 3 000～3 500 倍液;防治栗绛蚧在孵化出新若虫期,树上喷 2.5% 溴氰菊酯 3 000 倍液防效较好。但对螨类防效很差。该药不能与碱性农药波尔多液混用,以免减效,也不要与对硫磷混用,避免增加对人、畜的毒性。该药杀伤天敌严重,使用时要注意。多次使用易使害虫产生抗药性。1 年使用1～2 次为宜,最好与有机磷农药交替使用。

(十六)氰戊菊酯

氰戊菊酯又叫速灭杀丁、中西杀灭菊酯、敌虫菊酯,常用剂型为 20% 乳油。

该药原药为黄色或棕色粘稠状液体,在酸性介质中稳定,在碱性介质中易分解。对光稳定,贮存2年不变质。中等毒性。对蜜蜂、鱼的毒性高,对鸟类毒性小。该药杀虫谱广,对害虫主要是触杀、胃毒和熏蒸作用,也有忌避作用,无内吸作用。不能杀螨卵,杀伤天敌严重。单独使用后易引起叶螨发生。

用20%氰戊菊酯乳油4 000～5 000倍液喷雾,可防治多种果树蚜虫、木虱等;用3 000～4 000倍液喷雾,可防治卷叶虫、食心虫、潜叶蛾、蓟马、叶蜂等害虫。在栗皮夜蛾第一代卵大部分孵化时,喷雾2 000～3 000倍液防效较好。在透翅蛾为害期,用1 000倍液喷1米以下的树干,有较好的防治效果。于采果前半个月停止用药。不要与波尔多液混用,以免减效。该药杀螨效果差,在害螨较多的果园防治害虫时要加杀螨剂,以控制叶螨猖獗。最好1年内施用不超过2次,可与有机磷农药交替使用。

(十七) 氯氰菊酯

氯氰菊酯又叫安绿宝、兴棉宝、灭百可、赛波凯等。是拟除虫菊酯类杀虫剂。常用剂型为10%和25%乳油。

该药原药为黄棕色至深红色粘稠液体,在中性和酸性条件下稳定,在碱性条件下易水解。对光、热较稳定。对人皮肤有刺激性,对作物安全,对鱼、蜜蜂、蚕及害虫天敌有高毒,对鸟低毒。具有触杀、胃毒和熏蒸作用。杀虫谱广,杀虫作用迅速,持效期长,效果稳定。无内吸传导作用。

氯氰菊酯能有效地防治果树上的食心虫、卷叶虫、蚜虫和毛虫等多种害虫。对成虫、幼虫及部分害虫的卵及对有机磷产生抗性的害虫防治效果较好。10%氯氰菊酯乳油2 000～4 000倍液,可防治卷叶虫及其他食叶性害虫。在刺蛾、毛虫类幼虫发生期,喷雾10%氯氰菊酯乳油2 000～3 000倍液,杀虫保叶效果好。于采收前半个月停止用药。该药与碱性农药混用时易降低药效,应避免与波尔多液和石硫合剂等混用。可与有机磷杀虫剂或杀菌剂混用。该药对蜜蜂、鱼、虾、蚕剧毒,靠近蜂、蚕场及养鱼池塘附近的果园不宜使用。该药无杀螨作用,在叶螨发生较重的果园须混加杀螨剂,以控制叶螨为害。

(十八) 青 虫 菌

青虫菌是苏云金杆菌的一个变种,属于细菌性杀虫剂,常用剂型是青虫菌 6 号悬浮剂。有的生产厂在生产过程中加入 0.1% 的氯氰菊酯,能够提高防治效果。

青虫菌属低毒杀虫剂,对人、畜和植物无毒,对害虫天敌安全,对蚕有毒。其杀虫机理是药剂进入虫体后产生内毒素(伴孢晶体)和外毒素。内毒素在昆虫肠道内破坏肠内膜,使昆虫停食和患败血症死亡。外毒素又称耐热外毒素或蝇毒,它对敏感昆虫的作用主要表现为形态和生理效应,使用目的是使昆虫产生畸形,影响其脱皮和变态而死亡。

青虫菌可用于防治农、林、果、菜上的多种鳞翅目害虫,尤其对食叶性害虫防治效果更好。在苹掌舟蛾、栎掌舟蛾、大窠蓑蛾、酸枣尺蠖、黄褐天幕毛虫、舞毒蛾、刺蛾等害虫的幼虫发生期,用青虫菌 6 号悬浮剂 1 000 倍液喷雾,防治效果在 90% 以上。使用时要注意:①青虫菌悬浮剂久贮后有沉积现象,使用时要充分摇匀,喷雾时要均匀周到;②不能和杀菌剂混用;③该菌剂对蚕有毒,不能在养蚕区使用,在靠近养蚕区的果园使用时,一般要间隔 50 米;④气温在 20℃ 以上、具有一定湿度时防治效果较好,低温时不宜施用。

（十九）灭幼脲

灭幼脲是一种昆虫生长调节剂,常用剂型为灭幼脲3号和苏脲1号,均为25%灭幼脲悬浮剂。

该药纯品为白色针状结晶,工业品为黄褐色结晶粉。难溶于水、乙醇、苯、甲苯等溶剂。在空气和酸性介质中稳定,遇碱易分解。灭幼脲对人、畜安全,不伤害天敌,对害虫的作用主要是胃毒,也有触杀作用。杀虫机理是药剂进入虫体后,抑制昆虫表皮几丁质的合成,使幼虫不能形成新表皮,老表皮不能脱掉,致使昆虫畸形死亡。灭幼脲对成虫无杀伤作用,但能引起成虫不育,使成虫所产的卵不能孵化。该药剂作用速度缓慢,幼虫取食后不能立即死亡,一般在3～5天后才表现出杀虫作用。

灭幼脲对鳞翅目的多种害虫有很好的防治效果。用25%灭幼脲3号悬浮剂或苏脲1号悬浮剂1 000倍液喷雾,可防治苹掌舟蛾、栎掌舟蛾、天幕毛虫、大窠蓑蛾、舞毒蛾、酸枣尺蠖、柞蚕、刺蛾等幼虫。灭幼脲胶悬剂久贮后有沉积现象,使用时需摇匀。不能与碱性农药混用。在幼虫3龄以前施用防治效果好。在幼虫高龄期施用,应适当加大药量。

（二十）磷 化 铝

磷化铝是一种杀鼠剂,在果园常用作熏蒸剂防治天牛等蛀干害虫。常用剂型为56%片剂。

该药纯品为无色结晶,制剂为灰色或灰绿色圆片,每片重3.3克。磷化铝是强广谱性熏蒸剂,在干燥状态下很稳定,遇潮湿很快分解,释放出磷化氢,起熏杀作用。对人、畜剧毒。

在发现有蛀干害虫为害时,从树干最下方的蛀孔掏出木屑,取磷化铝片剂 0.33 克(1/10 片)塞入蛀道内,或用薄纸将少量药剂卷成药捻儿,插入蛀孔内,然后用黄泥封口。磷化铝在蛀道内吸水后水解,释放出磷化氢气体,杀死害虫。防治板栗二斑栗象,在板栗贮藏初期,按每 50 千克栗苞加 3 克磷化铝的比例装入塑料袋,扎紧袋口,熏蒸 5～7 天,可全部杀死栗苞中的幼虫。磷化铝易燃,应保存在密闭的容器内,且应远离灯光。存放在阴凉干燥处,要远离居住区。施药时,人要站在上风头,动作迅速,操作时宜用镊子或戴胶皮手套。打开盛有磷化铝片剂的容器时,如果片剂已成粉末状,说明已经分解,不宜使用。

(二十一) 松碱合剂

松碱合剂也叫松脂合剂,是由松脂和烧碱(氢氧化钠)或纯碱(碳酸钠)熬制而成。主要成分是松脂皂,呈强碱性。对害虫的作用主要是触杀,具有很强的粘着性和渗透性,能侵蚀害虫体壁,尤其对介壳虫的蜡质有强烈的腐蚀破坏作用。

配料比例:生松脂 1 份,烧碱 0.6～0.8 份,水 5～6 份(若是纯碱,则为生松脂 1 份,纯碱 0.8 份,水 4～5 份)。熬制方法:先把水放在铁锅中,烧开后放入碱,至碱全部溶化时,把事先粉碎的松脂慢慢倒入锅内,边倒边搅拌,并随时用热水补充已蒸发的水量,煮沸约半小时后即成为黄棕色粘稠状液体。用竹片或藤条做一个直径 3～5 厘米大小的圆圈,在锅内捞取少许药液,取出后圈内出现透明的薄膜时便可起锅,用竹制的簸箕过滤,滤去木屑、泥沙等杂质,即为松脂合剂原液。如果用脱脂松香或含有少量松节油的新松脂,熬煮后常出现絮状凝集物,在熬制时可加入总液量 0.1% 的浓硝酸,可改善其皂化性能。所用的松脂要用棕色的老松脂,新采收的松脂要存放 30

天后再用,否则效果差。熬制用的水应用水田或池塘中的软水。铁锅的容积要比溶液量大 1/4。火大时应降温以免锅内溶液溢出。松脂合剂原液只能用塑料桶或土陶瓦缸、坛、罐盛装。

松脂合剂可用于防治常绿、落叶果树上的害螨、介壳虫、蚜虫、粉虱等害虫和地衣、苔藓等有害生物。冬季果树休眠期和早春发芽前用 8~15 倍液喷雾防治叶螨、锈螨的成虫和卵,蚧虫,粉虱的低龄幼虫,蚜虫以及煤烟病,效果均好。对小斑链蚧 1~2 龄若虫用 3 倍液喷雾,防治效果较好。用药时的注意事项:①夏季气温在 30℃以上或雨后空气潮湿时不宜施用。②不能与其他有机合成农药混用,亦不能与波尔多液混用,在喷施波尔多液后 15~20 天才能喷松脂合剂,或在施用松脂合剂后 20 天才能喷波尔多液,以免产生药害。③果树冻害严重的地区,冬季不宜喷药,否则加重冻害。④对皮肤和衣服腐蚀性强,注意防护。

(二十二)石硫合剂

石硫合剂又叫石灰硫黄合剂、石硫合剂水剂。是果园常用的杀螨剂和杀菌剂,一般是自行配制。近年来,有的农药厂生产出固体石硫合剂,加水稀释后便可使用。

石硫合剂是以生石灰和硫黄粉为原料,加水熬制成的红褐色液体。有效成分是多硫化钙。有硫化氢气味,呈强碱性,可溶于水,对铜、铝等金属有腐蚀性,对害螨有很强的触杀作用。对高等动物的急性毒性中等。对人眼、鼻、皮肤有刺激性。

熬制石硫合剂要选用优质生石灰,不宜用化开的石灰。石灰、硫黄和水的比例为 1∶2∶10。先把生石灰放在铁锅中,用少量水化开后加足水量并加热,同时用少量温水将硫黄粉调成糊状备用。当锅中的水烧至近沸腾时,把硫黄糊沿锅边慢慢倒入石灰液中,边倒边搅,并记好水位线。大火加热,煮沸40～60分钟后药液熬成红褐色时停火。在煮沸过程中应适当搅拌,并用热水补足蒸发掉的水分。冷却后滤除渣滓,即得到红褐色的石硫合剂原液。使用前,用波美比重计测量原液浓度(波美度),然后再根据需要,加水稀释成所需浓度,稀释倍数按下列公式计算或查附表二。

$$稀释倍数 = \frac{原液浓度(波美度)}{所需药液浓度(波美度)} - 1$$

在果树发芽前喷雾5波美度石硫合剂,可防治球坚蜡蚧、桑盾蚧、山楂叶螨及疮痂病、褐腐病、炭疽病等多种病害。在果树生长期使用,宜用0.2～0.3波美度石硫合剂,浓度高容易发生药害。在板栗白粉病的发病初期,喷0.3波美度石硫合剂进行防治。对栗红蜘蛛在越冬卵孵化盛期后喷0.3～0.5波美度石硫合剂防效较好。防治小斑链蚧,在1～2龄幼虫期,用0.5波美度防治。该药不能与波尔多液混用。应在喷布石硫合剂7～10天后喷波尔多液,在喷波尔多液后10～15天再喷石硫合剂;喷过机油乳剂要隔15天,喷过松脂合剂要隔20天,才能喷布石硫合剂。气温在4℃以下或30℃以上时不宜施用。原液应贮存于小口密封容器内,长期贮存时,表面稍加点植物油,以隔绝空气。不能用金属容器贮存。

(二十三)三氯杀螨砜

三氯杀螨砜又叫涕滴恩、退得完。属有机氯类杀螨剂。常用剂型为20%和50%三氯杀螨砜可湿性粉剂。

该药纯品为白色结晶,工业品为结晶固体,含有效成分93%～95%。化学性质稳定,遇弱酸、弱碱不易分解,可与大多数农药混用。属低毒农药,对人、畜低毒,但对皮肤有刺激性。

对天敌昆虫安全。

对害螨夏卵、幼螨、若螨有很强的触杀作用,不杀冬卵。对成螨不能直接杀死,可使其不育,所产卵不孵化。对抗性螨有效。该药药效缓慢,一般施药后10天才显示出明显的药效。可与杀成螨的药剂混用,增强其速效性,提高防治效果。一般用20%可湿性粉剂600～800倍液喷雾,可防治果树上的螨类。在成螨盛发期,与乐果、敌敌畏等有机磷杀虫剂混用,可提高防效。

(二十四) 三氯杀螨醇

三氯杀螨醇又叫开乐散。是果园常用的有机氯类杀螨剂,加工剂型为20%乳油。

该药纯品为白色结晶,商品制剂为淡黄色至红棕色油状液体。在酸性介质中比较稳定,遇碱性物质易分解。对人、畜毒性较低。对天敌昆虫比较安全,但对捕食螨毒性较大。具有触杀和胃毒作用,无内吸作用。是一种神经毒剂。对成螨、若螨和幼螨都有强烈的杀伤力,杀卵效果较差。气温较高时防治效果较好。

对各种红蜘蛛、锈蜘蛛成虫、若虫、卵等有很高的杀伤作用。在果树发芽后山楂叶螨越冬雌成螨上芽为害期和山楂叶螨繁殖盛期,用20%乳油1 000倍液喷雾。为避免害螨产生抗药性,应与其他杀螨剂交替使用,不仅可延长三氯杀螨醇的使用寿命,而且还可提高防治效果。在栗红蜘蛛越冬卵孵化盛期后喷布三氯杀螨醇1 000倍液进行防治,并可兼治其他多种红蜘蛛。于果实采收前45天停止用药。因其遇碱性物质易分解失效,故不宜与波尔多液等碱性药剂混用。该药是一种易燃品,运输、贮藏、使用时应注意防火。

(二十五) 尼 索 朗

尼索朗是近年来从国外引进的新型杀螨剂。对果树害螨有很好的防治效果,加工剂型为5%乳油。

该药原药为浅黄色或白色结晶,制剂为淡黄色或浅棕色液体。属低毒农药。对鸟、蜜蜂无害,对捕食螨和食螨瓢虫等都比较安全。对多种害螨的卵和幼螨、若螨具有直接触杀作用,对成螨无效,但对成螨产的卵有明显的抑制作用。对植物表皮层具有较好的穿透性,但无内吸传导作用。对害螨残效期较长,有效期长达30~50天。药剂的速效性较差。可与多种杀虫剂、杀菌剂混用,也可与石硫合剂或波尔多液混用。能有效地防治对有机磷和有机氯产生抗药性的害螨,且无交互抗性。为避免害螨产生抗药性,应与其他类型的杀螨剂交替使用。

防治山楂叶螨,在越冬成螨产卵后至幼、若螨集中发生期,用5%尼索朗乳油2 000倍液喷雾,有效控制期可达2个月。除在幼、若螨发生期用药外,在成螨数量少时喷药,可减轻为害。

(二十六) 螨 死 净

螨死净是一种新型杀螨剂。剂型为含有效成分20%和50%的胶悬剂。

螨死净制剂为紫红色粘稠液体,属低毒农药。对眼睛、皮肤有轻微刺激作用;对鱼、鸟和蜜蜂毒性极低。该药杀螨谱较广,选择性很强,对叶螨卵、幼螨、若螨高效,但不杀成螨。主要是触杀作用,无内吸性。成螨接触药液后导致产卵量少,卵也不能孵出幼螨。杀螨持效期长。对果园寄生性和捕食性天敌昆虫、捕食螨比较安全。在常用浓度下果树一般不发生药害。

防治叶螨要选择适当时机，一般在螨卵和幼、若螨集中发生期施药,防治效果较好。用 20%螨死净 3 000 倍液防治 1次,不仅杀螨彻底,而且有效控制期可维持 2 个月以上。该药可与多种杀虫剂、杀菌剂混用,最好不与波尔多液混用,以免降低药效。施药时注意安全防护,避免药液飞溅到眼睛和皮肤上。为避免害螨产生抗药性,1 年使用次数以 1～2 次为宜,或与作用机理不同的杀螨剂轮换使用。

(二十七) 卡 死 克

卡死克是一种酰基脲类杀虫、杀螨剂。常用剂型为 5%乳油。

该药原药为白色无味结晶体,有效成分不低于 98%。可溶于多种有机溶剂中,微溶于水。常温下对光和热的稳定性好。在中性介质中稳定,遇碱易分解。属低毒农药,对害虫和螨类具有触杀和胃毒作用。杀虫机理是抑制昆虫几丁质合成酶的活性,使几丁质不能形成。使幼虫不能正常蜕皮和变态而死亡。对成螨无直接杀伤作用,但接触药后引起不育,所产卵大多不能孵化,个别卵孵化幼螨也会很快死亡。其杀虫、杀螨作用缓慢,施药后要经 5～8 天才看到药效。因此,应在害虫、害螨发生初期喷药,可减轻为害。对叶螨天敌安全。

卡死克可防治果树上多种害虫和害螨,特别对有机磷农药产生抗性的害螨、害虫有很好的防治效果。防治叶螨用1 000～1 500 倍液。防治卷叶虫用 1 000 倍液,在越冬幼虫出蛰始期和末期各喷药 1 次。该药不能与波尔多液、石硫合剂等碱性农药混用。施药时间应较一般有机磷、拟除虫菊酯类杀虫剂提前 3 天左右。防治害螨应在幼、若螨盛发期施药。卡死克对水生生物高毒,使用时应避免污染水域。

(二十八) 扫 螨 净

扫螨净又叫速螨酮。是一种新型的广谱高效杀螨、杀虫剂。常用剂型为 20%扫螨净可湿性粉剂和 15%乳油。

该药可防治果树上的叶螨、瘿螨等害螨,可兼治多种果树上的粉虱、叶蜂、蚜虫、蚧虫和蓟马等害虫。用 20%可湿性粉剂 3 000～4 000 倍液喷雾,对害螨的防治效果较好,持效期达 40 天以上。该药杀螨活性高于尼索朗。防治蚜虫、蓟马可将 20%可湿性粉剂稀释到 1 000～2 000 倍液。不能与酸、碱性药液混用,以免失效。存放在阴凉通风处。

二、杀 菌 剂

(一) 腐 烂 敌

腐烂敌是由福美胂、腐植酸和助剂、添加剂等配制而成的复配剂。常用剂型为 30%可湿性粉剂。

腐烂敌外观黑褐色,粉状,无明显气味。对水后药剂均匀悬浮在水中。对人、畜低毒。该药渗透性和粘着性较好,抗雨水冲刷,对果树和林木枝干上溃疡类病菌有较强杀灭能力,并能促进病部伤口愈合。运输和使用方便。

该药可防治栗树枝干上的干枯病、疫病、腐烂病、枝枯病、膏药病等,将病树皮刮除后涂抹 30%腐烂敌 30～50 倍液。对干枯病发生严重的栗园,可于栗树发芽前全树喷洒 30%腐烂敌 80～100 倍液,喷到全湿为度。

（二）843 康复剂

本药剂是由多种中药材和化学原料制成的复合杀菌剂。

药剂原液为黑褐色水剂，对人、畜安全，属低毒农药。对多种果树枝干的溃疡类病害具有杀菌力强，粘着性好，不烧伤健康的树皮组织，促进伤疤愈合等特点。可防治栗树干枯病、疫病、腐烂病等。先将病皮刮掉，然后在病疤上涂抹 843 康复剂原液，将疤面、疤边涂匀，以防止病疤复发。药剂贮藏有效期为 5 年。

（三）福美胂

福美胂为有机胂类杀菌剂，常用剂型 40％可湿性粉剂。

该药原药为黄绿色棱柱状结晶，不溶于水，微溶于丙酮、甲醇等。性质较稳定，遇浓酸或热酸易分解。该药属中等毒性，对人的皮肤及口腔、鼻粘膜有刺激作用。对树皮死组织渗透能力强，持效期长，是防治果树枝干溃疡类病害的良好杀菌剂和保护剂。

防治栗树干枯病、疫病等，将病斑刮净，然后涂抹胂平 50 倍液（40％福美胂 50 倍液加 2％平平加渗透剂），15 天后再涂 1 次，防治效果良好。在干枯病发生严重的栗园，可于春季栗树发芽前刮治病斑后用 40％福美胂可湿性粉剂稀释 100 倍液整株喷洒，杀死枝干上的病原菌，其防治效果均优。

该药不能与碱性或含铜药剂混用；因其对人、畜有毒，使用和保管时均应注意安全。

（四）抗菌剂 402

抗菌剂 402 又称乙蒜素。为有机硫杀菌剂，常用剂型为

70％和 80％乳油。

药剂外观为淡黄或黄色透明液体,具较浓的大蒜气味。对人、畜毒性中等,对皮肤有刺激作用,对植物较安全。该药对许多果树病原真菌有很强的杀灭能力,并对植物有刺激生长的作用。可用于防治栗干枯病,在刮除病斑之后涂抹 70％抗菌剂 402(乙蒜素)200 倍液加 0.1％平平加助剂,药后每隔半个月再涂抹 1 次,接连涂 3 次,防止栗干枯病复发效果良好。该药剂不能与碱性农药混用,不能用铁器盛装,要密封保存于干燥处。

(五)波尔多液

波尔多液是由硫酸铜、生石灰和水配制成的无机铜杀菌剂。药液呈天蓝色,有效成分为碱式硫酸铜,不溶于水,呈极细颗粒悬浮在药液中。对人、畜基本无毒,对病菌不产生抗药性。药液喷到植物体表面后形成一层药膜,逐渐释放出铜离子,杀死外来病菌孢子,是一种良好的保护性杀菌剂。用于防治栗芽枯病,于栗树发芽前喷 1∶1∶160 倍波尔多液;用于防治栗锈病,在 7 月中旬以后往树上喷 1∶1∶160 倍波尔多液。

1∶1∶160 倍波尔多液配制方法:在塑料桶或木桶、陶瓷容器中,先用 5 升左右温水将 0.5 千克硫酸铜溶解,再加 70 升水,配成稀硫酸铜水溶液,同时在大缸或药池中将 0.5 千克生石灰加入 5 升水,配成浓石灰乳,最后将稀硫酸铜水溶液徐徐倒入浓石灰乳中,边倒边搅拌。这样配出的波尔多液呈天蓝色,悬浮性好,防治效果高。也可将 0.5 千克生石灰用 40 升水溶解,0.5 千克硫酸铜用 40 升水溶解,再将石灰水和硫酸铜水溶液同时缓缓倒入另一个空容器中,边倒边搅拌。生产上往往在药箱中直接先配制成波尔多原液,然后加水,达到所用浓度。采用这种方法配制出的药液较前两种方法配制的质量差，但如马上使用，这种配制方法也可行。配制波尔多液时溶化硫酸铜不能用金属容器。配好的药液不能存放，应现配现用。药剂不能与石硫合剂、矿物油乳剂混用，也不能与遇碱性农药、易分解的有机合成农药及与钙、铜离子起化学反应的代森类杀菌剂、硫菌灵类农药混用。喷完药后及时用清水洗净喷雾机械，以免受腐蚀。

（六）硫悬浮剂

硫悬浮剂又称胶体硫或硫黄胶悬剂。由硫黄粉加工而成，剂型为 50% 悬浮剂。

50% 硫悬浮剂为灰白色粘稠状悬浊液，对水能均匀分散成悬浮液，悬浮率 90% 以上。本剂对人、畜毒性极低，对环境无污染，价格便宜，病虫不易产生抗药性。用其防治栗白粉病，于栗树开花前和落花后各喷 1 次 50% 悬浮剂 300～400 倍液；用其防治栗红蜘蛛，在栗树发芽后喷 50% 悬浮剂 300 倍液。气温低于 4℃ 时防治效果不明显，气温高于 30℃ 时，一般喷 400 倍液，以防出现药害。该药不能与硫酸铜、硫酸亚铁等混用，以防生成不溶性硫化物而降低药效。使用时先将瓶内药液摇匀，再倒出对水使用。应贮存在干燥、阴凉、通风库房内，勿受阳光曝晒，以防燃烧起火。

（七）多 菌 灵

多菌灵为苯并咪唑类杀菌剂。常用剂型有 25% 和 50% 可湿性粉剂和 40% 胶悬剂。

多菌灵原药为棕色粉末，几乎不溶于水，可溶于稀无机酸和有机酸中，形成相应的盐。多菌灵对酸、碱不稳定，对热较稳定。对人、畜低毒,为高效低毒广谱内吸性杀菌剂。用其防治栗芽枯病、叶斑病、栗锈病,可于发病初期喷 50%可湿性粉剂600~800 倍液。用于防治栗苗木叶枯病,可在 8 月下旬或 9月上旬喷 50%多菌灵可湿性粉剂 600 倍液。用其防治栗种仁炭疽病,于 7~8 月喷 2~3 次 50%多菌灵 600 倍液。该药不能与碱性或无机铜农药混用。长期单一使用,易使病菌产生抗药性,应注意与其他非苯并咪唑类杀菌剂轮换使用。

(八) 甲基硫菌灵

甲基硫菌灵又叫甲基托布津,为有机硫杀菌剂。常用剂型为 50%和 70%可湿性粉剂。

该药原药为浅灰色或灰紫色粉末,对光照及酸、碱介质较稳定。对人、畜低毒。为广谱内吸性杀菌剂,具保护和治疗作用,持效期较长。于栗树叶发病初期用 70%甲基硫菌灵可湿性粉剂稀释 800~1 000 倍液,每半个月左右喷 1 次,共喷 2~3 次。该药不能与碱性农药和无机铜制剂混用。

(九) 白涂剂

配制方法:生石灰 12 千克,食盐 2~2.5 千克,大豆汁0.5 千克,水 36 升。先将生石灰用水溶解,再加入大豆汁和食盐,搅拌成浓糊状,即可使用。用其防治栗干枯病,于初冬在刮除病斑后用白涂剂刷树干和主枝基部,防止树体冻伤和日烧,以减少发病。

附　录

一、配制农药常用计算公式

（一）求药剂用药量

1. 稀释倍数在 100 倍以上计算公式

$$药剂用药量 = \frac{稀释剂（水）用量}{稀释倍数}$$

例1：需要配制40％氧化乐果乳油1000倍稀释液2000升，求用药量。

$$氧化乐果乳油用药量 = \frac{2000}{1000} = 2 升（千克）$$

例2：需要配制50％多菌灵可湿性粉剂800倍稀释液2000升，求用药量。

$$多菌灵用药量 = \frac{2000}{800} = 2.5 千克$$

2. 稀释倍数在 100 倍以下时计算公式

$$药剂用药量 = \frac{稀释剂（水）用量}{稀释倍数 - 1}$$

（二）求两种药剂混用时的药剂用量

稀释倍数在100倍以上的计算公式如下：

$$药剂甲用量 = \frac{稀释剂（水）用量}{药剂甲的稀释倍数}$$

$$药剂乙用量 = \frac{稀释剂(水)用量}{药剂乙的稀释倍数}$$

例:用 40%氧化乐果乳油 1 000 倍液与 50%多菌灵可湿性粉剂 800 倍液混合喷雾,现有稀释剂(水)2 000 升(千克),求两种药剂各用多少。

$$40\%氧化乐果乳油用量 = \frac{2000}{1000} = 2 \text{ 升(千克)}$$

$$50\%多菌灵可湿性粉剂用量 = \frac{2000}{800} = 2.5 \text{ 千克}$$

即取 40%氧化乐果乳油 2 升(千克),取 50%多菌灵可湿性粉剂 2.5 千克,放在 2 000 升(千克)水中搅拌均匀即可。

二、石硫合剂稀释倍数查对表

原液度数	稀 释 液 度 数 (波美度)										
(波美度)	0.1	0.2	0.3	0.4	0.5	0.8	1.0	2.0	3.0	4.0	5.0
20	199	99	65.6	49.0	39	24.0	19	9.0	5.6	4.0	3.0
21	209	104	69.0	51.5	41	25.3	20	9.5	6.0	4.2	3.2
22	219	109	72.3	54.0	43	26.5	21	10.0	6.3	4.5	3.4
23	229	114	75.6	56.5	45	27.8	22	10.5	6.6	4.7	3.6
24	239	119	79.0	59.0	47	29.0	23	11.0	7.0	5.0	3.8
25	249	124	82.3	61.5	49	30.3	24	11.5	7.3	5.2	4.0
26	259	129	85.6	64.0	51	31.5	25	12.0	7.6	5.5	4.2
27	269	134	89.0	66.5	53	32.8	26	12.5	8.0	5.7	4.4
28	279	139	92.3	69.0	55	34.0	27	13.0	8.3	6.0	4.6
29	289	144	95.6	71.5	57	35.3	28	13.5	8.6	6.2	4.8
30	299	149	99.0	74.0	59	36.5	29	14.0	9.0	6.5	5.0
31	309	154	102.3	76.5	61	37.8	30	14.5	9.3	6.8	5.2
32	319	159	105.7	79.0	63	39.0	31	15.0	9.7	7.0	5.4

金盾版图书,科学实用,
通俗易懂,物美价廉,欢迎选购

中国野菜开发与利用　　10.00 元
野菜栽培与利用　　　　7.50 元
香椿栽培新技术　　　　3.00 元
香椿优质高效生产新技
　术　　　　　　　　　9.00 元
香椿刺龙牙保护地栽培　4.50 元
草莓标准化生产技术　 11.00 元
草莓优质高产新技术
　(第二次修订版)　　　7.50 元
草莓保护地栽培　　　　4.50 元
草莓无公害高效栽培　　7.50 元
草莓良种引种指导　　 10.50 元
图说草莓棚室高效栽
　培关键技术　　　　　7.00 元
图说南方草莓露地高
　效栽培关键技术　　　9.00 元
草莓无病毒栽培技术　 10.00 元
大棚日光温室草莓栽
　培技术　　　　　　　6.00 元
草莓园艺工培训教材　 10.00 元
大棚温室西瓜甜瓜栽培
　技术　　　　　　　 15.00 元
怎样提高西瓜种植效益　8.00 元
西瓜栽培技术(第二次
　修订版)　　　　　　6.50 元

无子西瓜栽培技术　　　8.00 元
西瓜保护地栽培　　　　4.50 元
西瓜栽培百事通　　　 12.00 元
甜瓜标准化生产技术　 10.00 元
甜瓜优质高产栽培(修
　订版)　　　　　　　7.50 元
甜瓜保护地栽培　　　　6.00 元
甜瓜园艺工培训教材　　9.00 元
西瓜甜瓜南瓜病虫害防
　治　　　　　　　　　8.50 元
西瓜甜瓜良种引种指导 11.50 元
怎样提高甜瓜种植效益　9.00 元
西瓜无公害高效栽培　 10.50 元
无公害西瓜生产关键技
　术 200 题　　　　　　8.00 元
引进台湾西瓜甜瓜新品
　种及栽培技术　　　　8.50 元
南方小型西瓜高效栽培　6.00 元
西瓜标准化生产技术　　8.00 元
西瓜园艺工培训教材　　9.00 元
瓜类嫁接栽培　　　　　7.00 元
瓜类蔬菜良种引种指导 12.00 元
无公害果蔬农药选择与
　使用　　　　　　　　5.00 元
果树薄膜高产栽培技术　5.50 元

梨高效栽培教材	4.50元	（修订版）	6.00元
优质梨新品种高效栽培	8.50元	桃树病虫害防治（修	
南方早熟梨优质丰产栽		订版）	9.00元
培	10.00元	桃树良种引种指导	9.00元
南方梨树整形修剪图解	5.50元	桃病虫害及防治原色	
梨树病虫害防治	10.00元	图册	13.00元
梨树整形修剪图解（修		桃杏李樱桃病虫害诊断	
订版）	8.00元	与防治原色图谱	25.00元
梨树良种引种指导	7.00元	扁桃优质丰产实用技术	
日韩良种梨栽培技术	7.50元	问答	6.50元
新编梨树病虫害防治技		葡萄栽培技术（第二次	
术	12.00元	修订版）	12.00元
图说梨高效栽培关键技		葡萄优质高效栽培	12.00元
术	8.50元	葡萄病虫害防治（修订	
黄金梨栽培技术问答	10.00元	版）	11.00元
梨病虫害及防治原色图		葡萄病虫害诊断与防治	
册	17.00元	原色图谱	18.50元
梨标准化生产技术	12.00元	盆栽葡萄与庭院葡萄	5.50元
桃标准化生产技术	12.00元	优质酿酒葡萄高产栽培	
怎样提高桃栽培效益	11.00元	技术	5.50元
桃高效栽培教材	5.00元	大棚温室葡萄栽培技术	4.00元
桃树优质高产栽培	9.50元	葡萄保护地栽培	5.50元
桃树丰产栽培	6.00元	葡萄无公害高效栽培	12.50元
优质桃新品种丰产栽培	9.00元	葡萄良种引种指导	12.00元
桃大棚早熟丰产栽培技		葡萄高效栽培教材	6.00元
术（修订版）	9.00元	葡萄整形修剪图解	6.00元
桃树保护地栽培	4.00元	葡萄标准化生产技术	11.50元
油桃优质高效栽培	10.00元	怎样提高葡萄栽培效益	12.00元
桃无公害高效栽培	9.50元	寒地葡萄高效栽培	13.00元
桃树整形修剪图解		李无公害高效栽培	8.50元

李树丰产栽培	3.00元	订版)	7.00元
引进优质李规范化栽培	6.50元	柿无公害高产栽培与加	
李树保护地栽培	3.50元	工	9.00元
欧李栽培与开发利用	9.00元	柿子贮藏与加工技术	5.00元
李树整形修剪图解	5.00元	柿病虫害及防治原色图	
杏标准化生产技术	10.00元	册	12.00元
杏无公害高效栽培	8.00元	甜柿标准化生产技术	8.00元
杏树高产栽培(修订版)	7.00元	枣树良种引种指导	12.50元
杏大棚早熟丰产栽培技		枣树高产栽培新技术	6.50元
术	5.50元	枣树优质丰产实用技术	
杏树保护地栽培	4.00元	问答	8.00元
仁用杏丰产栽培技术	4.50元	枣树病虫害防治(修订版)	5.00元
鲜食杏优质丰产技术	7.50元	枣无公害高效栽培	10.00元
杏和李高效栽培教材	4.50元	冬枣优质丰产栽培新技	
李树杏树良种引种指导	14.50元	术	11.50元
怎样提高杏栽培效益	10.00元	冬枣优质丰产栽培新技	
怎样提高李栽培效益	9.00元	术(修订版)	16.00元
梨树良种引种指导	7.00元	枣高效栽培教材	5.00元
银杏栽培技术	4.00元	枣农实践100例	5.00元
银杏矮化速生种植技术	5.00元	我国南方怎样种好鲜食	
李杏樱桃病虫害防治	8.00元	枣	6.50元
梨桃葡萄杏大樱桃草莓		图说青枣温室高效栽培	
猕猴桃施肥技术	5.50元	关键技术	6.50元
柿树良种引种指导	7.00元	怎样提高枣栽培效益	10.00元
柿树栽培技术(第二次修		山楂高产栽培	3.00元

　　以上图书由全国各地新华书店经销。凡向本社邮购图书或音像制品,可通过邮局汇款,在汇单"附言"栏填写所购书目,邮购图书均可享受9折优惠。购书30元(按打折后实款计算)以上的免收邮挂费,购书不足30元的按邮局资费标准收取3元挂号费,邮寄费由我社承担。邮购地址:北京市丰台区晓月中路29号,邮政编码:100072,联系人:金友,电话:(010)83210681、83210682、83219215、83219217(传真)。